"十一五"国家重点图书

普通高等教育"十一五"国家级规划教材

21世纪大学本科计算机专业系列教材

国家精品课程配套教材

计算概论
——程序设计阅读题解

汪小林 罗英伟 李文新 编著

李晓明 主审

清华大学出版社

北京

内 容 简 介

本书是一本面向 C 语言初学者循序渐进的程序设计习题讲解教材，也是《计算概论》的配套习题集。本书以知识点为主线，以例题及例子程序为主要内容，以解题思路和程序说明为辅助，与编程网格系统(http://programming.grids.cn)相配合，帮助入门者更好地掌握 C 语言编程的基础知识和基本技巧。本书收集的例题和习题都来源于编程网格系统上北京大学国家级精品课程"计算概论"各位主讲老师设计和布置的作业、练习和考试。同时，这些题目也被组织在北京大学编程网格开放课程"计算概论习题"中，方便读者提交程序自测。

本书适合作为高等学校理工类各专业本科生的计算概论、计算机导论、C 语言程序设计等计算机入门课程的教学辅助用书或参考书，也可作为参与计算机和信息科学竞赛项目的参考书。

本书封面贴有清华大学出版社防伪标签，无标签者不得销售。
版权所有，侵权必究。举报：010-62782989，beiqinquan@tup.tsinghua.edu.cn。

图书在版编目(CIP)数据

计算概论：程序设计阅读题解/汪小林，罗英伟，李文新编著. 一北京：清华大学出版社，2011.6
（2023.8 重印）
（21 世纪大学本科计算机专业系列教材）
ISBN 978-7-302-26033-2

Ⅰ. ①计… Ⅱ. ①汪… ②罗… ③李… Ⅲ. ①电子计算机－高等学校－教材 ②C 语言－程序设计－高等学校－教材 Ⅳ. TP3

中国版本图书馆 CIP 数据核字(2011)第 131322 号

责任编辑：张瑞庆　赵晓宁
责任校对：焦丽丽
责任印制：杨　艳

出版发行：清华大学出版社
　　　　　网　　址：http://www.tup.com.cn，http://www.wqbook.com
　　　　　地　　址：北京清华大学学研大厦 A 座　　　邮　　编：100084
　　　　　社 总 机：010-83470000　　　　　　　　　邮　　购：010-62786544
　　　　　投稿与读者服务：010-62776969，c-service@tup.tsinghua.edu.cn
　　　　　质量反馈：010-62772015，zhiliang@tup.tsinghua.edu.cn
　　　　　课件下载：http://www.tup.com.cn,010-83470236

印 装 者：涿州市般润文化传播有限公司印刷
经　　销：全国新华书店
开　　本：185mm×260mm　　　印　张：16.25　　　字　数：388 千字
版　　次：2011 年 6 月第 1 版　　　　　　　　　　印　次：2023 年 8 月第 10 次印刷
定　　价：39.90 元

产品编号：043638-02

21世纪大学本科计算机专业系列教材编委会

名誉主任：陈火旺

主　　任：李晓明

副 主 任：钱德沛　焦金生

委　　员：（按姓氏笔画排序）

马殿富　王志英　王晓东　宁　洪　刘　辰
孙茂松　李大友　李仲麟　吴朝晖　何炎祥
宋方敏　张大方　张长海　周兴社　侯文永
袁开榜　钱乐秋　黄国兴　蒋宗礼　曾　明
廖明宏　樊孝忠

秘　　书：张瑞庆

本书主审：李晓明

前言

FOREWORD

本书是《计算概论》的配套习题集，它以知识点为主线，以例题及例子程序为主要内容，与编程网格系统（http://programming.grids.cn）相配合，帮助读者更好地掌握C语言编程的基础知识和基本技巧。本书收集的例题和习题都来源于编程网格系统上北京大学国家级精品课程"计算概论"各位主讲老师设计和布置的作业、练习和考试。

编程网格是一个面向教学的程序在线判题系统，本书的第1章对编程网格作了简要的介绍。利用编程网格，教师可以开课组织教学活动，学生可以选课参与学习、作业、练习和考试。编程网格是北京大学国家级精品课程"计算概论"开展实验教学的主要实验平台，也是进行编程能力考核的考试平台。

本书由3篇构成：第1篇是编程网格、第2篇是编程基础、第3篇是编程进阶。

编程基础部分为第2～第9章，主要介绍C语言编程基础相关的例题。第2章介绍最基本的与输入输出相关的例题，帮助读者掌握输入输出整数、浮点数、字符的方法。第3章介绍与表达式的使用相关的例题，特别是帮助读者理解表达式类型转换和操作符优先级关系。第4章和第5章分别介绍与分支结构和循环结构相关的例题，帮助读者灵活使用if-else语句和switch语句组织分支条件，使用for语句、while语句和do-while语句构造各种类型的循环。第6章介绍与数组相关的例题，重点讲解访问数组和遍历数组中需要注意的问题。第7章介绍与字符串使用相关的例题，帮助读者了解如何输入输出字符串、如何操作字符串。第8章介绍与整数数值计算和浮点数迭代数值计算的相关例题，使读者能够综合应用表达式、条件分支和循环迭代来解决问题。第9章则探讨用C语言程序研究素数和数论的相关例题，重点介绍素数判定算法的优化过程。

编程进阶部分为第10～第15章，主要通过一些有针对性的例题帮助读者进一步提高编程的能力和技巧。第10章介绍与日期计算相关的问题，帮助读者熟悉如何计算日期和星期。第11章进一步介绍与数组应用相关的例题，使读者了解如何应用数组解决实际问题。第12章进一步介绍与字符串应用和处理相关的例题，使读者掌握字符串处理的技巧，并学会如何用字符串处理大整数运算。第13章介绍遍历查找的方法，可以在数据集中找到满足条件的结果。第14章探讨排序问题，并介绍一些基于排序算法思想来求解的问题。第15章作为提升读者编程技能的导引，简要地介绍算法和程序设计中常用的方法：递归、回溯和动态规划。

本书的最大特点是与编程网格的互动，本书收录的所有例题和习题均被组织在编程网格开放课程"计算概论习题"中。读者不仅可以通过分析例题的程序源码掌握和理解C语言编程的基础知识和基本技巧，还可以把这些程序源码提交到编程网格上，验证其正确性。在开放课程"计算概论习题"中，读者还可以分章节地找到本书中所有习题的完整题目，并把自己编写的程序提交到编程网格，检验程序是否正确。

受编者水平和精力所限，书中难免有不当之处，请各位专家和读者批评指正。如果读者发现书中的任何问题或有任何建议，可以直接在编程网格中的"意见建议"栏目（http://programming.grids.cn/programming/pages/message/index.jsp）中提交，也可以给我们发邮件：programming.grids@gmail.com。

编　者

2011 年 6 月

目 录

CONTENTS

第 1 篇 编 程 网 格

第 1 章 编程网格介绍 ……………………………………………………… 3
   1.1 教师开课 …………………………………………………………… 3
   1.2 注册与选课 ………………………………………………………… 3
   1.3 做题与提交 ………………………………………………………… 6

第 2 篇 编 程 基 础

第 2 章 输入输出 ………………………………………………………… 13
   2.1 Hello World ………………………………………………………… 13
   2.2 输入输出整数 ……………………………………………………… 14
   2.3 输入输出浮点数 …………………………………………………… 15
   2.4 输入输出字符 ……………………………………………………… 16
   2.5 输出数据的对齐 …………………………………………………… 17
   2.6 计算空格的个数 …………………………………………………… 18
   习题 ……………………………………………………………………… 19

第 3 章 表达式 …………………………………………………………… 21
   3.1 A＋B 问题 …………………………………………………………… 21
   3.2 计算两个整数的乘积 ……………………………………………… 22
   3.3 整数相除取余数 …………………………………………………… 23
   3.4 计算多项式的值 …………………………………………………… 23
   3.5 数值表达式计算 …………………………………………………… 25
   3.6 配置生理盐水 ……………………………………………………… 26
   3.7 分式表达式计算 …………………………………………………… 27
   3.8 计算分数的浮点数值 ……………………………………………… 28
   3.9 小明买雪糕 ………………………………………………………… 29
   3.10 大象喝水 ………………………………………………………… 30
   3.11 计算并联电阻的阻抗 …………………………………………… 31

3.12　计算圆周长和球体积 …………………………………………… 32
习题 ………………………………………………………………………… 33

第 4 章　条件与分支 …………………………………………………… 35

4.1　晶晶赴约会 ……………………………………………………… 35
4.2　简单素数判断 …………………………………………………… 36
4.3　奇偶数判断 ……………………………………………………… 37
4.4　元素判断 ………………………………………………………… 38
4.5　给出 2006 年某月份天数 ……………………………………… 39
4.6　比较两个整数的大小 …………………………………………… 40
4.7　填写运算符 ……………………………………………………… 41
4.8　整数的个数 ……………………………………………………… 42
4.9　心理测验 ………………………………………………………… 44
4.10　参加临床实验的病人 ………………………………………… 45
习题 ………………………………………………………………………… 47

第 5 章　循环控制 ……………………………………………………… 49

5.1　求和 ……………………………………………………………… 49
5.2　求平均年龄 ……………………………………………………… 50
5.3　连续分数求和 …………………………………………………… 51
5.4　整数的立方和 …………………………………………………… 52
5.5　求整数的和与均值 ……………………………………………… 53
5.6　整数位数计算 …………………………………………………… 55
5.7　逆序输出整数 …………………………………………………… 56
5.8　矩阵中满足条件的元素下标之和 ……………………………… 57
5.9　肿瘤面积 ………………………………………………………… 58
习题 ………………………………………………………………………… 60

第 6 章　数组基础 ……………………………………………………… 62

6.1　陶陶摘苹果 ……………………………………………………… 62
6.2　相关数问题 ……………………………………………………… 63
6.3　数组逆序重放 …………………………………………………… 65
6.4　平衡饮食 ………………………………………………………… 66
6.5　矩阵转置 ………………………………………………………… 68
习题 ………………………………………………………………………… 70

第 7 章　字符串基础 …………………………………………………… 71

7.1　无空格字符串的输入输出 ……………………………………… 71
7.2　有空格字符串的输入输出 ……………………………………… 72

7.3	字符替换	73
7.4	求字母的个数	75
7.5	删除单词后缀	76
7.6	不能一起吃的食物	79
习题		81

第8章 数值计算 83

8.1	求分段函数值	83
8.2	定义计算四边形面积的函数	84
8.3	求一元二次方程的根	85
8.4	计算 $f(x)=1+1/(1+1/(\cdots+1/(1+1/x)\cdots))$	87
8.5	计算 π 的值	88
8.6	求出 e 的值	90
8.7	自整除数	91
8.8	短信计费	92
8.9	打印水仙花数	93
8.10	满足条件的整数	94
8.11	细菌的战争	99
8.12	计算一个数的平方根	100
习题		101

第9章 素数问题 104

9.1	求最小非平凡因子	104
9.2	求前 n 个素数	106
9.3	打印完数	110
9.4	验证哥德巴赫猜想	112
习题		118

第3篇 编程进阶

第10章 日期处理 121

10.1	闰年判断	121
10.2	计算给定日期是本年的第几天	122
10.3	日期格式	123
10.4	星期几	125
10.5	相关月	127
习题		129

第11章 数组应用 131

11.1	求均方差	131

11.2	打印极值点下标	133
11.3	循环移动	136
11.4	数字 7 游戏（演节目）	139
11.5	异常细胞检测	143
11.6	寻找山顶	145
11.7	肿瘤检测	146
11.8	细菌的繁殖与扩散	148
习题		150

第 12 章　字符串处理 153

12.1	大小写字母互换	153
12.2	合法 C 标识符	154
12.3	忽略大小写的字符串比较	156
12.4	首字母大写	159
12.5	密码翻译	160
12.6	数字串分隔	163
12.7	文字排版	164
12.8	单词替换	166
12.9	数制转换	168
12.10	大整数加法	170
12.11	大整数减法	173
习题		176

第 13 章　查找 179

13.1	求最大数	179
13.2	求最大最小值	180
13.3	求最大数和次大数	183
13.4	最大商	184
13.5	班级学生成绩总分	186
13.6	数值统计分析	187
13.7	最远距离	189
13.8	出书最多	191
13.9	窗口管理	193
习题		196

第 14 章　排序 198

14.1	按顺序输出	198
14.2	整数排序	199
14.3	谁考了第 k 名	203

14.4	小白鼠排队	204
14.5	小明的药物动力学名词词典	206
14.6	细菌实验分组	208
	习题	211

第 15 章 递归、回溯及动态规划 213

15.1	求阶乘	213
15.2	排队游戏	214
15.3	汉诺塔	217
15.4	八皇后问题	219
15.5	算 24	221
15.6	石子归并	224
15.7	多边形游戏	226
	习题	228

附录 A	格式字符串	232
附录 B	常用函数	234
附录 C	常见错误速查	237
参考文献		245

第1篇 编程网格

第1篇 蚕丝与网络

第 1 章

编程网格介绍

编程网格(Programming Grid,PG)是一个面向教学的程序在线判题系统。它是基于POJ(Programming Judge Online,http://poj.grids.cn)的内核、面向程序设计类课程的教学辅助而开发的。编程网格的网址是 http://programming.grids.cn,于2006年正式上线运行,到目前为止已支持北京大学程序设计类课程开课50余门次,学生用户逾5000人,提交程序超过120万次。经过教师们的共同努力,目前编程网格上已经有面向程序设计基础和算法设计与分析相关的题目超过700道,既可满足教师布置作业、练习和安排考试的要求,也能满足学生自主学习、锻炼和提高的需要。

本书中所选的例题全都可以在编程网格上访问。特别地,在编程网格上安排了一门"计算概论习题集"的开放课程,已经把本书中的所有题目和习题都组织在其中,方便读者访问学习。特别要说明的是,对于每章的习题,在本书中都只是给出了一个简要的说明,详细的题目要求,需要登录该开放课程中获得。

下面简要介绍编程网格的使用方法和注意事项。

1.1 教师开课

程序设计类课程的教师可以在编程网格开设自己的在线练习课程,来规划、设计本课程的实验教学活动。要成为一名能在编程网格上开课的教师,首先需要注册一个账户并联系编程网格的系统管理员,获得一个教师身份。拥有了教师身份的用户,就可以在编程网格上开课了。关于开设课程、选编题目、布置作业及练习、设置考试、查看学生提交情况、统计学生成绩等功能,请参考编程网格开放课程"计算概论习题集"中的教师手册。

1.2 注册与选课

要访问编程网格上的题目并提交程序,访问者必须注册为编程网格的用户。用浏览器访问编程网格首页网址 http://programming.grids.cn,将出现如图1-1所示的页面。

单击网页右上角的"注册"按钮,进入网站用户注册页面,如图1-2所示。填写用户名、昵称、口令及邮箱,单击"注册"按钮,即可成为网站用户。注意:用户名至少需要6个字符,用户口令也至少要6个字符,每个用户的邮箱都必须是唯一的,不能重复。

计算概论——程序设计阅读题解

图 1-1　编程网格的首页

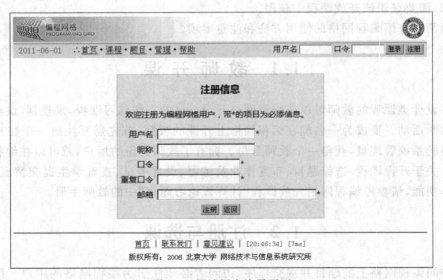

图 1-2　网站用户注册页面

注册成功后，可以通过网页右上角的"登录"按钮登录网站。登录后，就可以访问公开的题目并提交程序了。要查找题目，在网站主页右上部的查找题目搜索框中输入题目名称或相关的关键字，单击"查找题目"按钮即可。

用户登录后并不能访问编程网格上课程中的题目,要访问课程中的题目,必须选课成为课程的学生。进入要选课程的主页(如选择网站首页上的"计算概论习题集"课程),如图 1-3 所示。

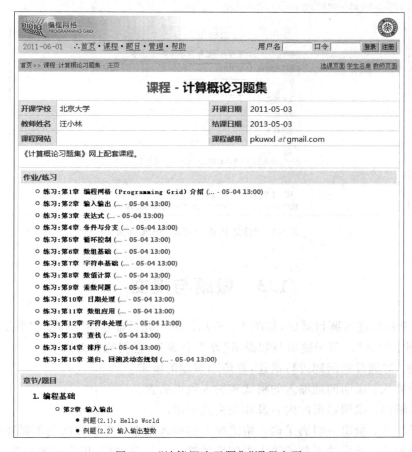

图 1-3 "计算概论习题集"课程主页

在课程主页的右上角找到"选课页面"链接,单击此链接即可进入选课页面。"计算概论习题集"的选课页面如图 1-4 所示。

选课需要输入课程注册码,这是由开课老师为自己课程设定的一个标识码,供自己的学生选课专用。不知道课程注册码的用户是不能选修该课程的。为了正确地管理本班的实验教学情况,任课老师应该要求选课学生必须填写真实的学号和姓名。为了方便大家进入"计算概论习题集"学习,该课程的注册码是 JSGLXTJ,学号请填写你的手机号或身份证号码,再填入真实姓名以及邮件地址、在编程网格上注册的用户名及口令,单击"提交"按钮,即可选课。

选课成功的用户就可以访问相应的课程了。欢迎大家选"计算概论习题集"这门公开课,并提出意见和建议,不断地完善编程网格,选课成功的用户将可能享受到网上在线交流指导的机会。

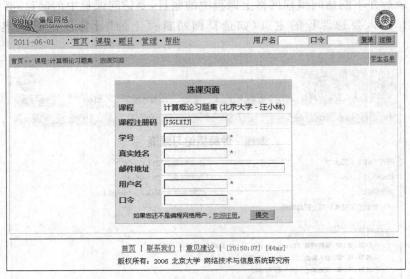

图 1-4 "计算概论习题集"选课页面

1.3 做题与提交

选择一道题目进入题目页面,如图 1-5 所示。每个题目都包括"描述"、"关于输入"、"关于输出"、"例子输入"、"例子输出"和"提示"等几个部分,它们的含义如下。

- 描述:对题目的问题进行描述,并给出解题的要求。
- 关于输入:说明问题输入的格式和输入数据的含义。
- 关于输出:说明输出的内容及相关格式要求。
- 例子输入:给出一组满足输入格式要求的输入数据。极少数问题不需要输入数据。
- 例子输出:给出关于例子输入求解后的输出。很多时候,用户需要根据例子输入和输出来理解题意。
- 提示:对解题的方法或注意事项进行说明。有些题目没有"提示"。

在仔细阅读题目并理解问题后,用户可以在自己熟悉的编程环境中完成相应的程序,并用例子输入对程序进行初步测试。在能够得到和例子输出完全相同的输出结果后,再把程序复制到题目下方的"提交程序"文本框中,选择正确的编程语言,单击"提交程序"按钮进行在线程序判定。通常情况下,即使不选择编程语言,直接单击"提交程序"按钮,编程网格也能正确地判断出所提交程序的编程语言。

需要注意的是,即使你的程序能够正确地处理例子输入,得到与例子输出完全一致的输出,也不能就认为这个程序一定能通过。例子输入不可能覆盖问题的所有输入情形,你的程序可能因为对问题考虑不够全面,无法通过所有的测试用例。这时需要重新认真地思考一下问题,完善解题思路,修改程序后再重新提交。

提交程序后,等待约两三秒钟,编程网格会转到提交结果页面,提示程序判定结果,如图 1-6 所示。如果提示信息是 Passed,恭喜你,你的程序完全正确,通过了编程网格的测试。

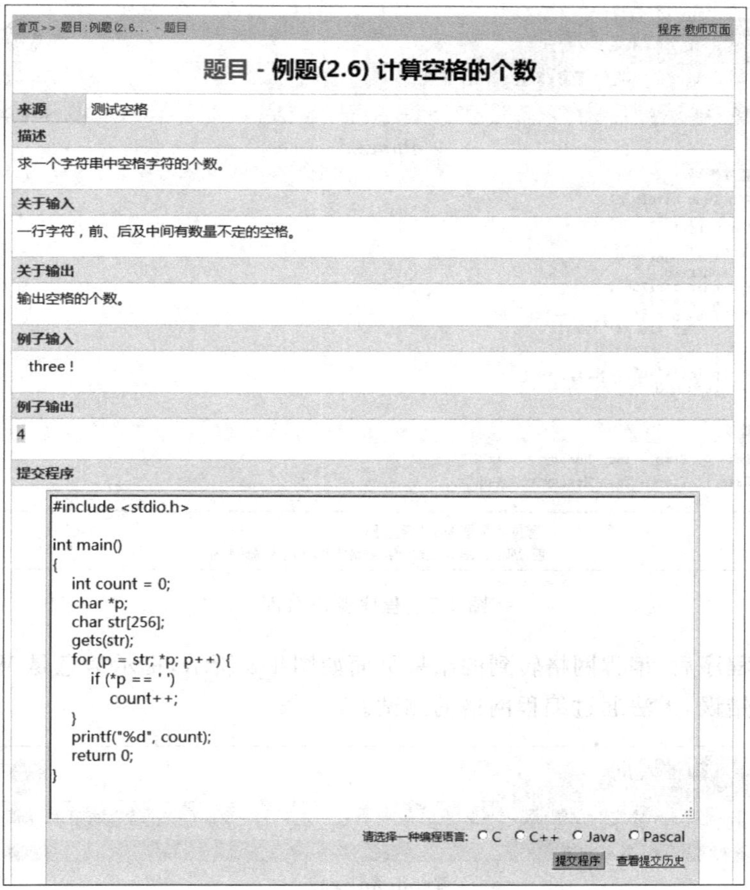

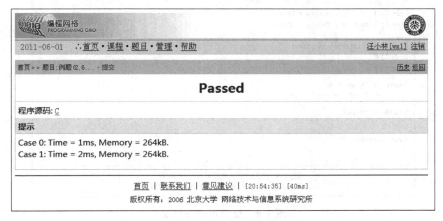

图 1-5　题目页面

图 1-6　程序提交结果页面

提示信息中的"Case 0：Time＝1ms，Memory＝264kB."显示，对于该测试用例，你的程序运行的时间和内存的使用量。测试用例编号从 0 开始。如果想查看这次提交的源程序，可以单击"程序源码"后面的链接，进入程序源码页面，如图 1-7 所示。

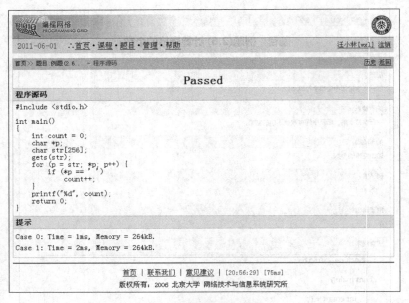

图 1-7 程序源码页面

如果提交程序后,编程网格转到的结果页面如图 1-8 所示,提示信息是 WrongAnswer,说明程序还有错误,无法通过编程网格的测试。

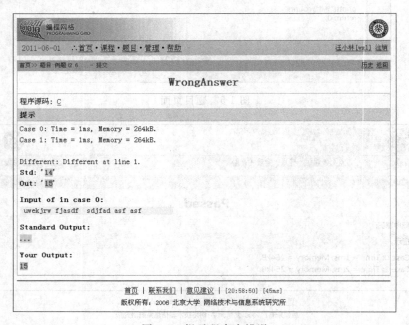

图 1-8 提示程序有错误

提示信息中会告诉用户,所提交的程序对哪个测试用列没有得到完全一致的结果,结果的差别是怎样的。例如,提示信息"Different:Different at line 1."表明标准答案输出与所提交程序的输出在第 1 行上有差别,"Std:'14'"表示标准答案输出在这一行上是 14,"Out:'15'"表示所提交的程序在这一行上输出的是 15。

提示信息"Input of in case 0:"显示,对于测试用例 0,所提交的程序未能通过检测。如果输入数据比较短,就完全列在下面,如果输入数据比较长,则只会列出其中一部分。

提示信息"Standard Output:"下面列出的是标准答案输出。只有当标准答案输出比较长,不能完全列出时,才会显示其中的一部分,否则标准答案输出会被隐藏。例如图 1-8 中标准答案输出就被隐藏了。

提示信息"Your Output:"后面列出的是所提交程序的输出,如果输出比较长,也只会显示其中的一部分。

有些时候提交程序会转到如图 1-9 所示的结果页面。提示信息为"Empty output file:'0.out'",它的含义是,所提交的程序对测试用例 0 没有产生输出。

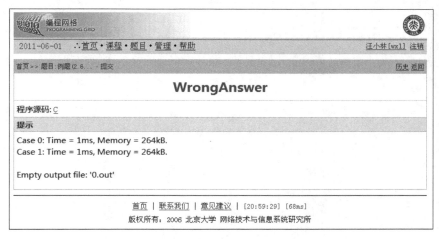

图 1-9 提示程序没有产生输出

提交程序得到的提示,除了 Passed 表示通过,WrongAnswer 表示程序输出与标准答案不一致外,还可能提示 Compile Error,表示程序编译未通过,此时会有提示信息表明编译错误发生在哪些行上。

还有一点需要指出,为了保证编程网格系统的安全性,所提交的程序中不允许出现类似 system 等系统调用语句。一旦发现提交程序的源码中出现了这样的语句,编程网格会自动跳转回网站首页,并且不会给任何提示信息。

最后提醒读者,所提交的 C 程序,其主函数定义应为如下形式:

```
1. int main()
2. {
3.     …
4.     return 0;
5. }
```

其中主函数 main 的返回值类型一定要是 int,并且应最后执行"return 0;"表示程序正常结束。

有关注册、选课、做题的更详细的说明,可以参考编程网格开放课程"计算概论习题集"中的学生手册。

第 2 篇 编程基础

第2篇　洗掘基本

第 2 章 输入输出

本章主要介绍输入输出问题及其例子程序。重点介绍在标准 C 语言中对各种基本数据类型(如整数、浮点数、字符类型)的输入和输出处理方法。关于对字符串的输入和格式化输出,将在第 7 章中详细介绍。

在标准 C 语言中,使用 scanf 函数输入格式化的数据,使用 printf 函数输出格式化的数据。这两个函数都定义在 stdio.h 头文件中,要使用 scanf 或 printf 函数,必须在程序开始添加 #include<stdio.h>将头文件引入程序。

下面将通过一组例题介绍输入输出函数的用法和使用中的注意事项。

2.1 Hello World

知识点

输入输出;字符串。

问题描述

在标准输出中输出一行字符串"Hello World"。

关于输入

无输入。

关于输出

只有一行,即"Hello World"字符串。

例子输入

(无输入)

例子输出

Hello World

程序 2-1 Hello World

```
1. #include <stdio.h>            /*引入头文件 stdio.h*/
2. int main()                    /*主函数,编程网格上要求其返回值类型为 int*/
3. {
4.     printf("Hello World");    /*调用格式化输出函数,输出一个字符串*/
5.     return 0;                 /*返回值为 0,表示程序正常结束*/
6. }
```

程序说明

这是一个最简单的程序，它不要求输入，运行程序将在控制台界面中输出"Hello World"这样一个字符串。程序在第 4 行调用 printf 函数，输出其参数字符串中的内容。

2.2 输入输出整数

知识点

输入输出；整数。

问题描述

请按规定的整数类型输入并输出整数。

关于输入

根据提示首先输入一个短整数(short)，再输入一个整数(int)。输入时，两个整数之间用空白字符分隔开。

关于输出

分两行输出，第一行输出短整数值，第二行输出整数值。

例子输入

```
26   378727
```

例子输出

```
26
378727
```

程序 2-2

```
1.  #include <stdio.h>           /*引入头文件 stdio.h*/
2.  int main()                   /*主函数,编程网格上要求其返回值类型为 int*/
3.  {
4.      short s;                 /*定义一个短整型变量*/
5.      int i;                   /*定义一个整型变量*/
6.      scanf("%hd%d", &s, &i);  /*先输入一个短整数,再输入一个整数*/
7.      printf("%hd\n", s);      /*第一行输出短整数数值*/
8.      printf("%d\n", i);       /*第二行输出整数数值*/
9.      return 0;                /*返回值为 0,表示程序正常结束*/
10. }
```

程序说明

这是一个展示整数输入输出的例子程序。在程序的第 6 行，调用 scanf 函数接收从控制台(键盘)输入的整数。scanf 函数的第一个参数是格式化描述字符串，其中的%hd 表示要接收的输入是一个短整数(short)，%d 表示要接收的输入是一个整数(int)。其中%hd和%d 之间没有空白及其他字符，但在输入时，需要用空白字符(空格、制表符和回车)把输入的两个整数分隔开。这里需要说明的是，%hd%d 和%hd %d 这两种格式化描述是有细微差别的，前者允许输入的两个整数间用任意数量的空白字符分隔，而后者则要求在分隔的空白字符中必须有一个空格。这是因为,对于 scanf 函数的格式化描述参数,其中除了用%前导的相关格式输入外,其他任何字符都必须按其顺序在实际的输入中出现。

调用 scanf 函数接收输入,输入的内容被顺次存放在其参数表中指明的变量中。这里需要特别指出,在 scanf 函数的参数表中的变量名前一般都要加上求地址运算符(&),否则无法把输入存放在变量中,还很可能导致程序运行过程中异常中止。

程序的第 7 和第 8 行调用 printf 函数输出整数。输出整数时一般不用考虑对短整数(short)和整数(int)的差别,可以统一用%d 表示。在格式化描述字符串中的\n 表示换行符号,其效果是:在控制台(屏幕)输出中会换行输出。

2.3　输入输出浮点数

知识点

输入输出;浮点数;精度。

问题描述

请按规定的浮点数类型输入,并按指定的格式输出浮点数。

关于输入

根据提示首先输入一个单精度浮点数(float),再输入一个双精度浮点数(double)。输入时,两个浮点数之间用空白字符分隔开。

关于输出

分多行输出。

第一行输出单精度浮点数的数值。

第二行输出双精度浮点数的数值,要求保留小数点后 3 位。

第三行输出双精度浮点数的数值,要求以科学计数法的方式输出,并保留 5 位小数。

第四行输出双精度浮点数的数值,要求以科学计数法或普通小数形式两者中最精简的方式输出该浮点数的数值。

例子输入

12.345   3.1415926535798932

例子输出

12.345000
3.142
3.14159e+00
3.14159

程序 2-3

```
1.  #include <stdio.h>              /*引入头文件 stdio.h*/
2.  int main()                      /*主函数,编程网格上要求其返回值类型为 int*/
3.  {
4.      float f;                    /*定义一个单精度浮点数变量*/
5.      double d;                   /*定义一个双精度浮点数变量*/
```

```
6.      scanf("%f%lf", &f, &d);         /*输入两个浮点数*/
7.      printf("%f\n", f);              /*输出单精度浮点数*/
8.      printf("%.3lf\n", d);           /*保留小数点后3位*/
9.      printf("%.5e\n", d);            /*科学计数法并保留5位有效位*/
10.     printf("%g\n", d);              /*以最精简的方式输出*/
11.     return 0;                       /*返回值为0,表示程序正常结束*/
12. }
```

程序说明

这是一个展示浮点数输入输出的例子程序。在程序的第 6 行,调用 scanf 函数接收从控制台输入的浮点数。%f 表示要接收的输入是一个单精度浮点数(float),%lf 表示要接收的输入是一个双精度浮点数(double)。同样,在 scanf 函数参数表中的变量前也要加上求地址运算符(&),如程序的第 6 行所示。这里,需要特别说明的是,双精度浮点数变量一定要用%lf 来说明。

程序的第 7 行调用 printf 函数输出单精度浮点数。用%f 表示要输出单精度浮点数,默认保留小数点后 6 位数字,不足部分补 0。程序的第 8 行用%.3lf 表示输出保留小数点后 3 位有效数字的双精度浮点数,多出部分按"四舍五入"方式处理。这里,%lf 表示输出的是双精度浮点数,而%和 lf 之间的".3"则表示输出需要精确到小数点后 3 位。第 9 行用%.5e 表示输出科学计数法形式的数值,并保留 5 位有效数字。第 10 行用%g 让 printf 函数自动判断是采用科学计数法方式输出更精简,还是用普通小数的方式输出更精简,最后采用最精简的方式输出该浮点数。

2.4 输入输出字符

知识点

输入输出;整数;字符。

问题描述

了解输入字符和输入整数之间的关系。

关于输入

用一个字符把输入的两个整数分隔开。

关于输出

先输出分隔字符,再分别输出两个整数,字符及整数之间用一个空格分隔。

例子输入

123x45678

例子输出

x 123 45678

程序 2-4

```
1. #include <stdio.h>                   /*引入头文件 stdio.h*/
2. int main()                           /*主函数,编程网格上要求其返回值类型为 int*/
```

```
3. {
4.     int a, b;                          /*定义两个整型变量*/
5.     char c;                            /*定义一个字符型变量*/
6.     scanf("%d%c%d", &a, &c, &b);       /*输入两个整数及分隔字符*/
7.     printf("%c %d %d", c, a, b);       /*输出分隔字符及两个整数*/
8.     return 0;                          /*返回值为0,表示程序正常结束*/
9. }
```

程序说明

这是一个展示字符输入和输出的例子程序。在程序的第 6 行,调用 scanf 函数接收从控制台输入的整数和字符。%d 表示要接收的是整数(int),%c 表示要接收的是字符(char)。这里需要指出的是,%c 紧跟在 %d 后面,则整数后面的第一个字符会被 scanf 函数输入给变量 c。

程序的第 7 行调用 printf 函数输出字符及整数,用 %c 表示要输出字符,用 %d 表示要输出整数。

思考题

输入格式 %d%c%d 与 %d%d 在对输入数据格式的要求有何不同?请大家编写程序进行验证。

2.5　输出数据的对齐

知识点

输入输出;输出对齐。

问题描述

输出月份阿拉伯数字和其当月天数,要求月份数字左对齐,当月天数右对齐,每个月份一行,每行长度 20 个字符。

关于输入

无输入。

关于输出

输出月份阿拉伯数字和其当月天数,要求月份数字左对齐,当月天数右对齐,每个月份一行,每行长度 20 个字符。每行的数字中间用空格填充。

例子输入

(无输入)

例子输出

```
1          31
2          28
3          31
4          30
5          31
6          30
```

7	31
8	31
9	30
10	31
11	30
12	31

程序 2-5

```
1.  #include <stdio.h>              /*引入头文件 stdio.h*/
2.  int main()                      /*主函数,编程网格上要求其返回值类型为 int*/
3.  {
4.      printf("%-10d%10d\n", 1, 31);
5.      printf("%-10d%10d\n", 2, 28);
6.      printf("%-10d%10d\n", 3, 31);
7.      printf("%-10d%10d\n", 4, 30);
8.      printf("%-10d%10d\n", 5, 31);
9.      printf("%-10d%10d\n", 6, 30);
10.     printf("%-10d%10d\n", 7, 31);
11.     printf("%-10d%10d\n", 8, 31);
12.     printf("%-10d%10d\n", 9, 30);
13.     printf("%-10d%10d\n", 10, 31);
14.     printf("%-10d%10d\n", 11, 30);
15.     printf("%-10d%10d\n", 12, 31);
16.     return 0;                   /*返回值为 0,表示程序正常结束*/
17. }
```

程序说明

这是一个展示输出数据对齐的例子程序。在程序的第 5～第 16 行,与先前的输出中用%d 表示输出整数有些不同,这里在%和 d 之间用数字表示输出数据占用的字符宽度,printf 函数会把未被数据占用的位置填充空格,保持数据的输出宽度。一般输出内容是右对齐的,但当数字前有一时,内容是左对齐的。输出的效果见例子输出。

2.6 计算空格的个数

知识点

输入输出;输入字符;判断输入结束。

问题描述

求一个字符序列中空格字符的个数。

关于输入

一行字符,前、后及中间有数量不定的空格。

关于输出

输出空格的个数。

例子输入

three !

例子输出

4

程序 2-6

```
1.  #include <stdio.h>              /*引入头文件 stdio.h*/
2.
3.  int main()                      /*主函数,编程网格上要求其返回值类型为 int*/
4.  {
5.      int count=0;                /*空格计数变量,初值为 0*/
6.      char c;                     /*字符变量*/
7.
8.      /*每次读入一个字符,直到输入结束*/
9.      while (scanf("%c", &c)==1) {
10.         if (c==' ') {
11.             count++;            /*遇到一个空格,计数值加 1*/
12.         }
13.     }
14.     printf("%d", count);        /*输出计数值*/
15.
16.     return 0;                   /*返回值为 0,表示程序正常结束*/
17. }
```

程序说明

程序第 8 行调用 scanf 函数每次读入一个字符。函数 scanf 的返回值是一个整数,表示成功地读入了多少个数据。本程序中,函数 scanf 的返回值为 1 时,表示读入了一个字符;否则,就是遇到的输入结束。在某些问题中,可以采用这种方式判断输入是否结束。

习　　题

(请登录 PG 的开放课程完成习题)

2-1 输出第二个整数

输入三个整数,把第二个输入的整数输出。

2-2 输出保留 3 位小数的浮点数

读入一个单精度浮点数,保留 3 位小数输出这个浮点数。

2-3 输出保留 12 位小数的浮点数

读入一个双精度浮点数,保留 12 位小数,输出这个浮点数。

2-4 空格分隔输出

读入一个字符、一个整数、一个单精度浮点数、一个双精度浮点数,然后按顺序输出它们,并且要求在它们之间用一个空格分隔。输出浮点数时使用格式%f。

2-5 输出浮点数
读入一个双精度浮点数,分别按输出格式%f、%f 保留 5 位小数、%e 和%g 的形式输出这个整数,每次在单独一行上输出。

2-6 对齐输出
读入三个整数,按每个整数占 8 个字符的宽度,右对齐输出它们,每两个整数之间至少空一个空格。

2-7 字符三角形
给定一个字符,用它构造一个底边长 5 个字符,高 3 个字符的等腰字符三角形。

第 3 章　表达式

本章通过例题说明在使用各种表达式过程中需要注意的一些问题,包括表达式的计算顺序、自动及强制类型转换、整数除法与浮点数除法的差异和浮点数常量表示等。理解表达式的本质,重点在于理解表达式的计算,表达式的结果是一个值,这个值具有相应的类型。与数学上的公式代表数学变量间的关系不同,表达式中不蕴含任何程序变量间的关系,任何出现在表达式中的变量和值都进一步参与表达式的计算并最终得到表达式的值。

3.1　A＋B 问题

知识点
简单表达式求值。
问题描述
计算 $a+b$ 的值。
关于输入
输入两个整数 a 和 b ($0 \leqslant a, b \leqslant 1000$)。
关于输出
输出一个整数,即 $a+b$ 的值。
例子输入

1　2

例子输出

3

程序 3-1

```
1. #include<stdio.h>
2. int main ()
3. {
4.     int a, b;                    /*定义两个整型变量接收输入数据*/
5.     scanf("%d%d", &a, &b);       /*输入两个整数*/
6.     printf("%d", a+b);           /*输出加法表达式的结果*/
7.     return 0;
8. }
```

程序说明

在 C 语言中，表达式的作用是用来表达简单的计算过程的，其计算的结果是一个值。在 C 语言源代码中，任何可以出现一个值的地方都可以用表达式替代。如此程序中的第 6 行，这里把"a+b"这个简单的加法表达式作为参数放在 printf 函数的参数列表中，在程序运行到调用 printf 函数时，表达式计算的结果被作为参数的值传递给 printf 函数，printf 函数则按格式要求打印出表达式计算的结果。

3.2 计算两个整数的乘积

知识点

简单表达式求值。

问题描述

计算两个整数 a 和 b 的乘积，其中 $-10\,000 < a, b < 10\,000$。

关于输入

输入仅一行，包括两个整数 a 和 b。

关于输出

输出也仅一行，a 与 b 的乘积。

例子输入

35   7

例子输出

245

程序 3-2

```
1. #include <stdio.h>
2. int main ()
3. {
4.     int a, b;                        /*定义两个整型变量接收输入数据*/
5.     scanf("%d%d", &a, &b);           /*输入两个整数*/
6.     printf("%d", a * b);             /*输出乘法表达式的结果*/
7.     return 0;
8. }
```

程序说明

在 C 语言中，乘法运算符用 * 来表示。两个整数相乘时，其结果值仍然在整数表示的取值范围内（4 字节的二进制数），则表达式计算的结果就是两个整数相乘的结果。但是，如果运算的结果值超出了整数能够表达的范围，则表达式的结果只能反映计算结果溢出后剩余的数值，并不是实际的两个整数的计算结果。但题目说明中指出，所输入的两个整数被限制在 $-10\,000$ 到 $10\,000$ 之间，这样的两个整数相乘不会超过整数的表示范围，因此可以直接利用乘法运算符 * 进行计算。同时注意，这个限制是对输入数据的要求，并非需要写的程序做特别的处理。

3.3　整数相除取余数

知识点

简单表达式求值；取余数运算符。

问题描述

计算两个整数 a 和 b 相除的余数，即 $a \div b$ 的余数。

关于输入

输入仅一行，包括两个整数 a 和 b。

关于输出

输出也仅一行，$a \div b$ 的余数。

例子输入

73　11

例子输出

7

程序 3-3

```
1. #include <stdio.h>
2. int main ()
3. {
4.     int a, b;                    /*定义两个整型变量接收输入数据*/
5.     scanf("%d%d", &a, &b);       /*输入两个整数*/
6.     printf("%d", a%b);           /*输出取余表达式的结果*/
7.     return 0;
8. }
```

程序说明

在 C 语言中，取余数运算符为％，用来计算两个整数相除后所得的余数。需要说明的是，取余运算符只能用于两个整数相除求余数的运算，不能用于浮点数相除后的求余数的运算。

3.4　计算多项式的值

知识点

表达式；乘方和系数的书写方法。

问题描述

计算多项式 $f(x) = ax^3 + bx^2 + cx + d$ 的值，其中 a、b、c、d 以及 x 都是浮点数，计算的结果也是浮点数。

关于输入

输入仅一行，分别是 x，及参数 a、b、c、d 的值，每个数都是双精度浮点数。

关于输出

输出也仅一行，$f(x)$的值，保留小数点后 7 位。

例子输入

2.31 1.2 2 2 3

例子输出

33.0838692

提示

使用 printf("%.7lf",…)实现保留小数点后 7 位。

解题思路

这个题目要求计算多项式的值，其中会涉及求变量 x 的多次方项，计算方法有多种：最简单的方法是采用连乘的形式；也可以采用临时变量暂存 x 的多次方项；或者利用指数函数（pow）计算。

程序 3-4-1

```
1. #include <stdio.h>
2. int main ()
3. {
4.     double a, b, c, d, x, f;
5.     scanf("%lf%lf%lf%lf%lf", &x, &a, &b, &c, &d);
6.     f=a*x*x*x+b*x*x+c*x+d;            /*连乘的形式表示多项式*/
7.     printf("%.7lf", f);
8.     return 0;
9. }
```

程序说明

在程序的第 6 行中，采用了变量（x）连乘的形式来表示其多次方项。对于比较简单的表达式，这样的方式简单直接。但对于较复杂的多项式，这种方式就不再适用。

程序 3-4-2

```
1.  #include <stdio.h>
2.  int main ()
3.  {
4.      double a, b, c, d, x, f, x2, x3;
5.      scanf("%lf%lf%lf%lf%lf", &x, &a, &b, &c, &d);
6.      x2=x*x;                          /*用临时变量记录次方项的值*/
7.      x3=x2*x;                         /*用临时变量记录次方项的值*/
8.      f=a*x3+b*x2+c*x+d;               /*多项式中引用临时变量*/
9.      printf("%.7lf", f);
10.     return 0;
11. }
```

程序说明

在程序的第 6～第 8 行中，采用了临时变量存储变量 x 的多次方项。同时，在计算 x 的三次方项时,还利用了 x 的二次方项的临时变量,减少了一次乘法计算。对于稍微复杂的多项式,这种方式利用相应的临时变量代表对应的次方项,多项式表达式比较直观。但这里需要使用临时变量,增加了对存储空间的要求。

程序 3-4-3

```
1.  #include <stdio.h>
2.  #include <math.h>
3.  int main ()
4.  {
5.      double a, b, c, d, x, f;
6.      scanf("%lf%lf%lf%lf%lf", &x, &a, &b, &c, &d);
7.      f=a*pow (x, 3)+b*pow (x, 2)+c*x+d;          /*使用指数函数*/
8.      printf("%.7lf", f);
9.      return 0;
10. }
```

程序说明

在程序的第 7 行中,采用了指数函数(pow)表示变量 x 的多次方项。pow 函数定义在 math.h 中,因此需要在程序的第 2 行把它引入到该程序中。采用 pow 函数表示 x 的多次方项,其优点是可以很简单直观地表示高次方项。

程序 3-4-4

```
1. #include <stdio.h>
2. int main ()
3. {
4.     double a, b, c, d, x, f;
5.     scanf("%lf%lf%lf%lf%lf", &x, &a, &b, &c, &d);
6.     f= ((a*x+b) * x+c) * x+d;                    /*使用括号改变计算顺序*/
7.     printf("%.7lf", f);
8.     return 0;
9. }
```

程序说明

在程序的第 6 行中,采用了多项式等价表达式的方式计算多项式的值。如果把程序第 6 行中的表达式展开,可以发现它与题目要求计算的表达式是一致的。采用这种变化的表达式计算多项式,虽然直观性不足,但其优点是整个计算的过程中乘法的计算次数最少。

3.5　数值表达式计算

知识点

表达式;浮点常数的表示。

问题描述

计算 $X=(3.21\times 10^{-8}+2.31\times 10^{-7})/(7.16\times 10^{6}+2.01\times 10^{8})$ 表达式的值。

关于输入

无输入。

关于输出

结果形式用科学计数法表示。

例子输入

（无输入）

例子输出

（就不告诉大家了）

提示

要求使用%g格式输出结果值。

程序 3-5

```
1. #include <stdio.h>
2. int main()
3. {
4.     double x;
5.     x=(3.21e-8+2.31e-7)/(7.16e6+2.01e8);         /*浮点数科学计数法*/
6.     printf("%g", x);
7.     return 0;
8. }
```

程序说明

这道题目看似涉及指数计算，但实际上是考查浮点数常量的科学计数法表示。对于形似 $A\times 10^B$ 的浮点数常量，可记为 AeB，例如 3.1e8 等于 3.1×10^8。在程序的第 5 行，采用科学计数法表示表达式中的每个浮点数常量，表达式非常简单。

3.6 配置生理盐水

知识点

表达式；自动类型转换。

问题描述

为了配置生理盐水（0.9%的氯化钠溶液），现需要用10%的氯化钠溶液和注射用水（不含氯化钠）来配置。请问，要配置 L 毫升生理盐水，需要10%的氯化钠溶液和注射用水各多少毫升？（精确到小数点后一位）。

关于输入

第一行是整数 $n(n\leqslant 50)$，表明后面有 n 行数据。

每行数据一个整数，为要配置的生理盐水的毫升数。

关于输出

输出有 n 行，每行两个浮点数：

第一个数表示10%氯化钠溶液的用量，第二个数为注射用水的用量（单位均为毫升）。

（注：精确到小数点后1位。可用 printf("%0.1f…",…) 形式输出。）

例子输入

3
3850
3150
2500

例子输出

346.5 3503.5
283.5 2866.5
225.0 2275.0

程序 3-6

```
1.  #include <stdio.h>
2.  int main ()
3.  {
4.      int i, n, t;                          /*定义循环变量和临时变量*/
5.      scanf("%d", &n);                      /*输入数据的行数 n*/
6.      for (i=0; i<n; i++) {                 /*循环 n 次*/
7.          scanf("%d", &t);                  /*每次读入一个要配置的生理盐水升数 t*/
8.          printf("%0.1f %0.1f\n", t*0.09, t*0.91);   /*计算并输出结果：
9.                  整数与双精度浮点数的乘积表达式结果的类型仍是双精度浮点数*/
10.     }
11.     return 0;
12. }
```

程序说明

编写此题目的程序,首先需要根据题意求解出两种液体的需求容量和目标容量之间的关系,得到相应的表达式,参见程序第 8 行中的两个乘法表达式。这里请注意,程序第 8 行的两个表达式都是一个**整型变量和一个双精度浮点数常数的乘积**,根据表达式的数据类型自动转换总是转换为表达式中表达能力更强的类型的约定,双精度浮点数对数据精度的表达显然比整数高,因此表达式计算结果的类型是双精度浮点数。

本题目的输入数据有多组,数量由输入数据的第一个整数确定,因此需要用循环来处理。程序的第 6～第 10 行是一个 for 循环语句,完成对循环体的 n 次循环,循环次数 n 的数值通过第 5 行对 scanf 函数的调用获得。循环中,第 7 行程序输入一个数据,第 8 行完成对该数据的处理,输出对应的结果。输入和输出交替执行,直到读入并处理完所有的输入数据。

3.7 分式表达式计算

知识点

表达式;括号运算符;单精度浮点数。

问题描述

计算表达式 $Y = \dfrac{a*b}{c + \dfrac{d}{e}}$ 的值,保留小数点后 2 位。

关于输入
输入5个单精度浮点数。
关于输出
输出一个单精度浮点数。
例子输入

1 2 3 4 5

例子输出

0.53

提示
计算过程中只使用单精度浮点数,输出结果要求保留小数点后2位。

程序 3-7

```
1. #include <stdio.h>
2. int main ()
3. {
4.     float a, b, c, d, e, Y;                        /*定义一组单精度浮点数变量*/
5.     scanf("%f%f%f%f%f", &a, &b, &c, &d, &e);       /*获得输入数据*/
6.     Y=a*b/(c+d/e);                                 /*计算表达式的值*/
7.     printf("%.2f", Y);                             /*输出计算结果*/
8.     return 0;
9. }
```

程序说明
根据提示,程序的第4行定义了6个单精度浮点数变量,前5个变量用于接收输入数据,最后一个变量用于存储表达式计算的结果。程序的第5行用scanf函数输入5个单精度浮点数,输入单精度浮点数使用格式%f。这里需要指出,虽然例子输入给的是5个整数,但题目要求输入5个单精度浮点数,因此还是应该用%f而不是用%d指明输入格式。

程序的第6行包含计算分式的表达式,其中利用括号运算符改变表达式的计算顺序,保证先计算出分子和分母的值后再做二者的除法运算,计算的结果存储在变量Y中。程序的第7行根据输出要求输出计算的结果。

3.8 计算分数的浮点数值

知识点
表达式;强制类型转换。
问题描述
两个整数 a 和 b 分别作为分子和分母,即分数 a/b,求它的浮点数值(双精度浮点数,保留小数点后9位)。
关于输入
输入仅一行,包括两个整数 a 和 b。

关于输出

输出也仅一行，分数 a/b 的浮点数值（双精度浮点数，保留小数点后 9 位）。

例子输入

5　7

例子输出

0.714285714

提示

使用 printf("%.9lf",…) 实现保留小数点后 9 位。

程序 3-8

```
1. #include <stdio.h>
2. int main ()
3. {
4.     int a, b;                          /* 定义两个整数接收输入 */
5.     scanf("%d%d", &a, &b);             /* 输入分子和分母的值 */
6.     printf("%.9lf", (double)a/b);      /* 计算分数的值并输出 */
7.     return 0;
8. }
```

程序说明

两个整型变量相除，计算结果将仍然是整数。例如，如果 $a=1,b=2$，则 a/b 的值是 0 而不是 0.5。那么如何能够获得分数的浮点数的数值呢？这里就需要用到强制类型转换。如程序第 6 行所示，通过把变量 a 的值强制转换为双精度浮点数类型，使得这个除法运算的其中一个运算数是双精度浮点数，则其结果类型也将是一个双精度浮点数。

3.9　小明买雪糕

知识点

表达式；强制类型转换、浮点数取整。

问题描述

小明有 5 元钱，他想去买雪糕吃，雪糕的价格各不相同，根据雪糕的价格，计算小明最多能买多少根雪糕。

关于输入

输入只有一个数，一根雪糕的价格，单位是元。

关于输出

输出只一个整数，小明最多能买到的雪糕数。

例子输入

1.3

例子输出

3

程序 3-9

```
1.  #include <stdio.h>
2.  int main ()
3.  {
4.      double d;                         /*双精度浮点数变量,存放雪糕价格*/
5.      scanf("%lf", &d);                 /*输入雪糕价格*/
6.      printf("%d", (int)(5.0/d));       /*计算小明最多能买的雪糕数并输出*/
7.      return 0;
8.  }
```

程序说明

本题的重点是考查如何把浮点数值转换为整数数值。程序第 6 行,两个双精度浮点数相除的计算结果仍然是一个双精度浮点数,利用强制类型转换,把计算结果转换为整型(int),在转换过程中,浮点数的小数部分被忽略,只留下整数部分的数值作为整数类型的值返回。

3.10　大象喝水

知识点

表达式;类型转换;浮点数向上取整。

问题描述

一只大象口渴了,要喝 20 升水才能解渴,但现在只有一个深 h 厘米,底面半径为 r 厘米的小圆桶(h 和 r 都是整数)。问大象至少要喝多少桶水才会解渴(设 PAI=3.141 59)。

关于输入

输入有一行,两个整数:分别表示小圆桶的深 h,和底面半径 r,单位厘米。

关于输出

输出也只有一行,大象至少要喝水的桶数。

例子输入

23　11

例子输出

3

提示

1000 升=1 立方米

程序 3-10

```
1.  #include <stdio.h>
2.  #include <math.h>                     /*ceil 函数的定义在 math.h 中*/
```

```
3.  int main()
4.  {
5.      int h, r, n;                              /*定义局部变量*/
6.      scanf("%d%d", &h, &r);                    /*输入小圆桶的高度和半径*/
7.      /*调用ceil函数对浮点数向上取整,并把取整结果强制转换为整型数*/
8.      n=(int)ceil(20000/(3.14159*r*r*h));
9.      printf("%d", n);                          /*输出喝水桶数*/
10.     return 0;
11. }
```

程序说明

程序用大象喝水总量(注意单位的变化)除以小圆桶的容量,所得的数值可能包含小数部分,其喝水的桶数将是该浮点数数值向上取整的整数值,如 1.2 向上取整的结果为 2。程序第 8 行调用 math.h 中定义的向上取整函数 ceil 把浮点数转换为不比该浮点数小的最小的整数数值(注意:其类型仍然是浮点数),然后用强制类型转换把该数值转换为整数数值赋给整型变量 n,再输出 n 的数值。

3.11 计算并联电阻的阻抗

知识点

表达式;表达式简单应用。

问题描述

并联电阻阻抗公式计算如下:$R=1/(1/r1+1/r2)$。

关于输入

两个电阻阻抗大小,浮点型。

关于输出

并联之后的阻抗大小,结果保留小数点后 2 位。

例子输入

1 2

例子输出

0.67

解题思路

根据题意,因为只需要保留计算结果的两位小数,采用单精度浮点数就可以达到计算精度的要求,因此可以只使用单精度浮点数变量。

程序 3-11

```
1. #include <stdio.h>
2. int main ()
3. {
4.      float r1, r2, R;                          /*定义三个单精度浮点数变量*/
5.      scanf("%f%f", &r1, &r2);                  /*输入两个并联电阻的电阻值*/
```

```
6.      R=1/(1/r1+1/r2);              /*根据公式的表达式计算并联后的电阻值*/
7.      printf("%.2f", R);             /*输出计算结果*/
8.      return 0;
9. }
```

程序说明

程序第 4 行定义 3 个单精度浮点数，$r1$ 和 $r2$ 用来存放输入的两个并联电阻的电阻值，R 用来保存计算的结果。程序第 6 行中的表达式使用括号运算符使得分母中的加法优先于分式除法计算。因为 $r1$ 和 $r2$ 都是单精度浮点数，因此表达式的计算结果也是单精度浮点数，计算的结果保存在变量 R 中。程序第 7 行根据输出格式要求输出并联电阻值，保留了两位小数。

3.12 计算圆周长和球体积

知识点

表达式；单精度浮点常量；表达式简单应用。

问题描述

公式如下：球的体积 $V=4/3*\pi*r^3$；圆的周长 $L=2*\pi*r$。

关于输入

输入为半径，类型为单精度浮点数(float)。

关于输出

输出球体积和圆周长，每行一个。保留小数点后 2 位。

例子输入

4

例子输出

267.95
25.12

提示

π 的值使用 3.14 即可。

解题思路

根据题意，因为只需要保留计算结果的两位小数，采用单精度浮点数就可以达到计算精度的要求，因此可以只使用单精度浮点数变量。但是计算中需要使用圆周率 π 的值，如果直接使用字面常量 3.14，它本身是双精度浮点数，则计算结果也将是双精度浮点数，其数值必须通过强制类型转换才能赋给单精度浮点数类型的变量。其实如果使用字面常量 3.14f，即在数值后面加上 f 或 F，则字面常量的类型就成为单精度浮点数了，计算的结果就仍保持为单精度浮点数，不需要做任何类型转换就可赋值给单精度浮点数变量。

程序 3-12

```
1.  #include <stdio.h>
2.  int main()
```

```
3.  {
4.      float r, V, L;                         /* 定义3个单精度浮点数变量 */
5.      scanf("%f", &r);                       /* 读入半径 r */
6.      V=4.0f/3*3.14f*r*r*r;                  /* 计算球的体积 */
7.      L=2*3.14f*r;                           /* 计算圆的周长 */
8.      printf("%.2f\n%.2f", V, L);            /* 输出球的体积和圆的周长 */
9.      return 0;
10. }
```

程序说明

程序第4行定义了3个单精度浮点数类型的变量,分别表示半径、球的体积和圆的周长。第6行计算球的体积,其中使用到的两个浮点数常量都采用了单精度浮点数常量表示法。第一个常量(4.0f)采用浮点数而不采用整数,是避免整数间的除法运算会取整而丢失精度;第二个常量圆周率(3.14f)采用浮点数的单精度表示法,防止整个表达式的计算结果类型被自动转换为双精度浮点数。第7行计算圆的面积,圆周率也采用了单精度浮点数常量的表示法。

习　　题

(请登录 PG 的开放课程完成习题)

3-1　与圆相关的计算

输入圆的半径(实数),求圆的直径、周长和面积(保留4位小数)。

3-2　三角形判断

输入三个正整数表示三条边的长度,判断这三条边能否构成一个三角形,如果能,则输出 yes,否则输出 no。

3-3　计算 $(a+b)*c$ 的值

计算表达式 $(a+b)*c$ 的值,其中 a,b,c 均为整数,且 a,b,c 的值介于 -10 000 和 10 000 之间(不含 -10 000 和 10 000)。

3-4　计算 $(a+b)/c$ 的值

输入整数 a,b,c,输出 $(a+b)/c$ 的值(仍为整数),当 $c==0$ 时输出 error。

3-5　计算分数的浮点数值

两个整数 a 和 b 分别作为分子和分母,即分数 a/b,求它的浮点数值(双精度浮点数,保留小数点后9位)。

3-6　用边长求三角形面积

输入三个数,作为三角形的三个边长,计算三角形的面积。注意在程序里检查输入数据,对不能构成三角形的情况给出错误信息。

3-7　计算浮点数相除的余数

计算两个双精度浮点数 a 和 b 相除的余数,即 $a \div b$ 的余数。a 和 b 都是正数。

3-8　苹果和虫子

你买了一箱 n 个苹果,很不幸的是买完时箱子里混进了一条虫子。虫子每 x 小时能吃掉一个苹果,假设虫子在吃完一个苹果之前不会吃另一个,那么经过 y 小时后你还有多少个完整的苹果？

3-9 甲流疫情死亡率

甲流并不可怕，在中国，它的死亡率并不是很高。请根据截止 2009 年 12 月 22 日各省报告的甲流确诊数和死亡数，计算甲流在各省的死亡率。

3-10 温度表达转化

利用公式 $C=5*(F-32)/9$（其中 C 表示摄氏温度，F 表示华氏温度）进行计算转化。

3-11 鸡兔同笼

一个笼子里面关了鸡和兔子（鸡有 2 只脚，兔子有 4 只脚，没有例外）。已经知道了笼子里面鸡和兔子的总数 a 和脚的总数 b，问笼子里面有多少只鸡，有多少只兔子？

3-12 奥运奖牌计数

2008 年北京奥运会，A 国的运动员参与了 n 天的决赛项目（$1 \leqslant n \leqslant 17$）。现在要统计一下 A 国所获得的金、银、铜牌数目及总奖牌数。

3-13 根据公式计算

对某些带电感 L 和电阻 R 的电路，其自然衰减频率由公式：频率 $=\sqrt{\dfrac{1}{LC}-\dfrac{R^2}{4C^2}}$ 给定。希望研究频率随电容 C 的波动情况。请编程，用于计算从 0.01～0.1，步长为 0.01 的不同 C 值时的频率（保留 3 位小数）。

第 4 章

条件与分支

本章介绍条件与分支语句的表示。C语言中有两种方式表示分支结构，if-else语句和switch语句。在使用if-else语句时应注意，if后面的条件需要用括号(())括起来，括号后面不能有分号(;)，需要直接跟一个完整的语句，该语句如果不是用大括号({})括起来的语句段，则该语句后面需要用分号(;)结束，这条语句在if条件为真时执行。else紧跟在if语句后面，当if条件为假时，执行else后面的语句。在使用switch语句时应注意，switch后面括号内的表达式只能是整型表达式或字符型表达式，不能是浮点数类型的表达式。表达式的值将被依次和switch后面大括号({})内的case部分匹配，如果表达式的值与case中的常量相等，则会执行case后面的语句，直到遇到break语句，或到switch的大括号({})结束。在很多问题中，两种分支语句都可以使用，但在另外一些问题中，则只能使用if-else语句。

4.1 晶晶赴约会

知识点

简单判断；if-else。

问题描述

晶晶的朋友贝贝约晶晶下周一起去看展览，但晶晶每周的1、3、5有课必须上课，请帮晶晶判断她能否接受贝贝的邀请，如果能输出YES；如果不能则输出NO。

关于输入

输入有一行，贝贝邀请晶晶去看展览的日期，用数字1~7表示从星期一到星期日。

关于输出

输出有一行，如果晶晶可以接受贝贝的邀请，输出YES；否则，输出NO。注意YES和NO都是大写字母。

例子输入

2

例子输出

YES

解题思路

该问题的实质是判断输入的数字是否和 1、3 或 5 相等,这可以使用 if-else 结构判断,也可以采用 switch 结构判断。本题采用 if-else 结构实现程序。

程序 4-1

```
1.  #include <stdio.h>
2.  int main()
3.  {
4.      int w;                          /*定义接受输入星期数的变量*/
5.      scanf("%d", &w);                /*读入星期数*/
6.      if (w==1||w==3||w==5)           /*判断 w 是否等于 1、3 或 5*/
7.          printf("NO");               /*相等时执行,输出 NO*/
8.      else
9.          printf("YES");              /*不相等时执行,输出 YES*/
10.     return 0;
11. }
```

程序说明

程序第 6~第 9 行通过 if-else 语句,针对 w 是否等于 1、3 或 5 分两种情况输出 NO 或 YES。多个条件满足其一时,使用或运算符(||),它与按位或运算符(|)不同,前者用于把多个条件按或关系组织在一起,而后者主要用于对整数数值按二进制位进行运算。

为了程序的可读性,一般要求 if 和 else 后面的语句都应当缩进,如程序的第 7 和第 9 行所示。缩进的字符数一般是 4 个字符,或者是 8 个字符,一般的编程环境会辅助自动缩进,编程者需要做的是保证程序缩进的规范统一和可读性。

4.2 简单素数判断

知识点

简单判断;switch。

描述

对于自然数 $n(0<n<10)$,判断 n 是否是素数。

关于输入

输入仅一行,一个自然数 $n(0<n<10)$

关于输出

输出仅一行,如果 n 是素数,输出 yes;否则,输出 no。

例子输入

7

例子输出

yes

提示

0~10 之间的素数仅有 4 个:2、3、5、7。

解题思路

由于 10 以内的素数只有 2、3、5 和 7,因此程序实现中不需要设计复杂的算法来判断输入的整数是否是素数,只需要把输入的整数和上述 4 个数比较即可做出判断。本题既可以采用 if-else 语句判断,也可以采用 switch 语句判断。下面的程序采用 switch 语句实现。

程序 4-2

```
1.  #include<stdio.h>
2.  int main()
3.  {
4.      int x;                    /*定义整型变量*/
5.      scanf("%d", &x);          /*输入整数,整数值在 1~10 之间*/
6.      switch (x) {              /*用 switch 结构进行判断*/
7.          case 2:
8.          case 3:
9.          case 5:
10.         case 7:
11.             printf("yes");    /*上述 4 个 case 任何一个满足,输出 yes*/
12.             break;            /*注意不要忘记这里的 break!*/
13.         default:
14.             printf("no");     /*没有任何一个 case 满足,输出 no*/
15.     }
16.     return 0;
17. }
```

程序说明

程序第 6~第 15 行通过 swith 语句,判断输入的整数 x 是否是 2、3、5 和 7 这 4 个素数之一。虽然一般的 case 后面都应该有一个 break 语句中断该分支的执行,但本题中则利用了只有 break 语句可以中断一个 case 分支执行的特点,把 4 种分支情况用统一的一组语句(第 11~第 12 行)实现。程序第 13 行的 default 分支处理 x 和 4 个 case 分支都不匹配时的情形。

4.3 奇偶数判断

知识点

带表达式的判断。

问题描述

判断一个数是奇数还是偶数。

关于输入

输入仅一行,一个大于零的正整数 n。

关于输出

输出仅一行,如果 n 是奇数,输出 odd;如果 n 是偶数,输出 even。

例子输入

5

例子输出

odd

解题思路

判断一个整数的奇偶,可以用求余运算符(%)计算它除 2 的余数,判断余数是否为 0。

程序 4-3

```
1.  #include <stdio.h>
2.  int main()
3.  {
4.      int x;                  /*定义输入变量*/
5.      scanf("%d", &x);        /*输入一个整数*/
6.      if (x%2==0)             /*判断 x 是否能被 2 整除*/
7.          printf("even");     /*能整除,是偶数,输出 even*/
8.      else
9.          printf("odd");      /*不能整除,是奇数,输出 odd*/
10.     return 0;
11. }
```

4.4 元素判断

知识点

浮点数判断。

描述

给定一个浮点数集合 $S=\{2.33, 4.56, 5.78, 7.26\}$,判断一个数 x 是否属于集合 S。

关于输入

输入仅一行,一个单精度浮点数 x。

关于输出

输出仅一行,如果 x 属于 S,输出 yes;否则,输出 no。

例子输入

5.99

例子输出

no

解题思路

对于单精度浮点数类型的变量 x,其表示数据的精度比双精度浮点数要低。如果直接比较一个单精度浮点数和双精度浮点数,虽然两者的十进制表示完全相同,但两个数值在双精度浮点数的精度上来看,也可能是不同的,例如 2.33 与 2.33f 两个数之间是不相等的。

因此，在比较浮点数值相等时，应该保证等式两端的浮点数精度一致。

程序 4-4

```
1.  #include <stdio.h>
2.  int main()
3.  {
4.      float x;                                    /*定义一个单精度浮点数 x*/
5.      scanf("%f", &x);                            /*输入单精度浮点数 x*/
6.      /*判断 x 是否与指定的 4 个数之一相等*/
7.      if (x==2.33f||x==4.56f||x==5.78f||x==7.26f)
8.          printf("yes");                          /*与之一相等,属于集合*/
9.      else
10.         printf("no");                           /*不相等,不属于集合*/
11.     return 0;
12. }
```

程序说明

程序第 7 行 if 语句判断 x 是否与集合 S 中的 4 个数之一相等。判断时，把 4 个浮点数常数表示为单精度浮点数，保证判断时不出现精度不匹配问题。

4.5 给出 2006 年某月份天数

知识点

瀑布式 if 语句（多分支 if 语句）。

问题描述

给出 2006 年某月份天数。

关于输入

输入仅一行，一个月份的正整数 $n(1 \leqslant n \leqslant 12)$。

关于输出

输出该月份的天数。

例子输入

2

例子输出

28

解题思路

一年中，除 4、6、9 和 11 月每月 30 天外，2 月闰年 29 天，非闰年 28 天，其余月份都是 31 天。而 2006 年不是闰年，2 月是 28 天。可以通过程序判断月份直接给出当月的天数。由于有三种情形需要处理，因此可以采用瀑布式 if 语句。

程序 4-5

```
1.  #include <stdio.h>
```

```
2.  int main()
3.  {
4.      int m, d;                                    /*定义月份及天数变量*/
5.      scanf("%d", &m);                             /*输入月份*/
6.      if (m==4||m==6||m==9||m==11)                 /*判断是否 4、6、9 或 11 月*/
7.          d=30;                                    /*是则当月 30 天*/
8.      else if ( m==2)                              /*否则,是否为 2 月*/
9.          d=28;                                    /*是则当月 28 天*/
10.     else
11.         d=31;                                    /*其余月份 31 天*/
12.     printf("%d", d);                             /*输出月份天数*/
13.     return 0;
14. }
```

程序说明

程序第 6～第 11 行是一个多分支的 if-else 语句(瀑布式 if 语句)。虽然从严格的语法结构上来说,第 8～第 11 行的 if-else 语句实际上是第 8 行 else 分支下的一个完整语句,但从整体的执行效果上来看,每个 if 条件确定其后的分支是否被执行。如果所有的条件都不满足,则执行最后的 else 分支。

4.6　比较两个整数的大小

知识点

不等式比较;瀑布式 if 语句。

问题描述

给定两个整数,比较它们的大小。

关于输入

两个整数,整数之间用一个空格分隔。

关于输出

如果前者比后者大,则输出＞。
如果前者比后者小,则输出＜。
如果前者和后者相等,则输出＝。

例子输入

5　7

例子输出

＜

程序 4-6

```
1.  #include <stdio.h>
2.  int main()
3.  {
```

```
4.      int a, b;                           /* 定义两个整型变量 */
5.      scanf("%d%d", &a, &b);              /* 输入两个整数 */
6.      if (a>b)                            /* 如果 a 大于 b */
7.          printf(">");                    /* 输出 ">" */
8.      else if (a<b)                       /* 如果 a 小于 b */
9.          printf("<");                    /* 输出 "<" */
10.     else
11.         printf("=");                    /* 否则,输出 "=" */
12.     return 0;
13. }
```

程序说明

程序第 6～第 11 行是采用瀑布式 if 语句对三种情形分别处理。

4.7 填写运算符

知识点

瀑布式 if 语句。

问题描述

一个表达式 $x\_\_\_y==z$ 的值为真,其中 x、y、z 都是整数。如果空格处可能出现的运算符包括：＋、－、＊、/、％,请根据 x、y、z 的值,填写空格处的运算符（数据保证只有一个运算符满足条件）。

关于输入

输入仅一行,共三个整数,依次是 x、y、z,整数之间以空格分隔。

关于输出

仅一个字符,空格处应填写的运算符。

例子输入

298　143　441

例子输出

＋

提示

输出％请使用 printf("%%");或 printf("%c",'%');。

解题思路

对这种判断运算关系的问题,一般都是采用尝试所有可能的运算关系,判断关系是否成立来解决。在本问题中,可以依次尝试加、减、乘、除及取余 5 种关系（根据题意,因为只有一种关系是成立的）,一旦遇到关系成立的情形,即可输出对应的运算符号作为结果。

程序 4-7

```
1.  #include <stdio.h>
2.  int main()
```

```
3.  {
4.      int x, y, z;                        /* 定义 3 个变量 */
5.      scanf("%d%d%d", &x, &y, &z);        /* 输入 3 个变量的值 */
6.      if (x+y==z)                         /* 判断加法关系是否成立 */
7.          printf("+");                    /*   成立则输出"+" */
8.      else if (x-y==z)                    /* 否则判断减法关系是否成立 */
9.          printf("-");                    /*   成立则输出"-" */
10.     else if (x*y==z)                    /* 否则判断乘法关系是否成立 */
11.         printf("*");                    /*   成立则输出"*" */
12.     else if (x/y==z)                    /* 否则判断除法关系是否成立 */
13.         printf("/");                    /*   成立则输出"/" */
14.     else if (x%y==z)                    /* 否则判断取余关系是否成立 */
15.         printf("%%");                   /*   成立则输出"%" */
16.     return 0;
17. }
```

程序说明

程序第 6～第 15 行是采用瀑布式 if 语句对 5 种情形分别处理。因为题目没有要求当上述 5 种情形不成立时需要输出任何提示，因此程序中没有包含最后的 else 分支。程序第 15 行输出一个％，采用的是"％％"形式。

4.8　整数的个数

知识点

switch-case 语句。

描述

给定 $k(1<k<100)$ 个正整数，其中每个数都是大于等于 1，小于等于 10 的数。写程序计算给定的 k 个正整数中，1、5 和 10 出现的次数。

关于输入

输入有两行：

第一行包含一个正整数 k。

第二行包含 k 个正整数，每两个正整数用一个空格分开。

关于输出

输出有三行：

第一行为 1 出现的次数。

第二行为 5 出现的次数。

第三行为 10 出现的次数。

例子输入

5

1 5 8 10 5

例子输出

1
2
1

解题思路

本题目涉及多个数据的输入,适合于采用循环的方式输入。对于每个输入的数,要判断它是否为 1、5 或 10。这三个数值都是整型常量,可以作为 switch-case 中的常量,因此本题目可以采用 switch-case 语句来处理。

程序 4-8

```
1.  #include <stdio.h>
2.  int main()
3.  {
4.      int n1, n5, n10;                    /*定义三个计数变量*/
5.      int i, n, t;                        /*定义循环变量及输入变量*/
6.      n1=n5=n10=0;                        /*初始化三个计数变量为 0*/
7.      scanf("%d", &n);                    /*输入数据数量 n*/
8.      for (i=0; i<n; i++) {               /*循环 n 次*/
9.          scanf("%d", &t);                /*每次读入一个数*/
10.         switch (t) {                    /*利用 switch 语句判断输入数的值*/
11.             case 1:                     /*是 1*/
12.                 n1++;                   /*则 1 的出现次数加 1*/
13.                 break;                  /*跳出 switch 语句*/
14.             case 5:                     /*是 5*/
15.                 n5++;                   /*则 5 的出现次数加 1*/
16.                 break;                  /*跳出 switch 语句*/
17.             case 10:                    /*是 10*/
18.                 n10++;                  /*则 10 的出现次数加 1*/
19.                 break;                  /*跳出 switch 语句*/
20.         }
21.     }
22.     printf("%d\n%d\n%d\n", n1, n5, n10);    /*输出三个计数值*/
23.     return 0;
24. }
```

程序说明

程序第 6 行采用了连等的形式对三个计数变量赋初值。这种看似特殊的赋值方法是按从右到左的方式执行的,首先把 0 赋值给变量 $n10$,这个赋值表达式的结果是 $n10$ 的值,这个值被赋值给变量 $n5$,对应的赋值表达式的值是变量 $n5$ 的值,这个值又进一步被赋值给变量 $n1$。

程序第 8~第 21 行是一个 for 循环,通过 n 次循环读入 n 个数依次处理。程序第 10~第 20 行是一个 switch 语句,判断变量 t 的值是否和三个 case 分支匹配,一旦匹配,则执行对应的分支,对相应的计数变量的值加 1。如果三个 case 分支都不匹配,则不做任何处理,switch 语句结束。

4.9 心理测验

知识点

switch-case 语句。

问题描述

一次心理测验出了 10 道题,每道题目有 5 个选择答案分别为 A、B、C、D、E。评分规则为,选 A 得 10 分,选 B 得 5 分,选 C 得 2 分,选 D 得 1 分,选 E 不得分。对测验结果计算得分。

关于输入

仅一行,长度为 10 的字符串,字符串中仅包含字符 A~E。

关于输出

一个整数,测验得分。

例子输入

BCEAEEDDCE

例子输出

21

解题思路

选择答案是 A、B、C、D、E 等 5 个字符,字符类型常量可以出现在 switch-case 语句中。因为只有答案是 A、B、C、D 才得分,否则不得分,因此只需要对这 4 种情况分别做加分处理即可。输入的长度固定,可以使用一个固定循环次数的循环处理每个答案字符。

程序 4-9

```
1.   #include <stdio.h>
2.   int main()
3.   {
4.       int i;                          /*循环变量*/
5.       int m=0;                        /*得分变量,初值为 0*/
6.       char c;                         /*字符变量,代表选择答案*/
7.       for (i=0; i<10; i++) {          /*循环 10 次*/
8.           scanf("%c", &c);            /*每次读入 1 个选择答案*/
9.           switch (c) {                /*用 switch 语句把选择答案转换为得分累加*/
10.              case 'A':               /*选择 A*/
11.                  m +=10;             /*得 10 分*/
12.                  break;
13.              case 'B':               /*选择 B*/
14.                  m +=5;              /*得 5 分*/
15.                  break;
16.              case 'C':               /*选择 C*/
17.                  m +=2;              /*得 2 分*/
```

```
18.            break;
19.        case 'D':                    /*选择D*/
20.            m +=1;                   /*得1分*/
21.            break;
22.        }
23.    }
24.    printf("%d", m);                 /*输出总得分*/
25.    return 0;
26. }
```

程序说明

程序第 7～第 23 行是一个循环 10 次的 for 循环语句。第 8 行读入一个字符，使用格式%c。第 10、第 13、第 16、第 19 行的 case 语句，其后的每个字符都用单引号(')括起来，表示字符常量。变量 m 在第 5 行定义时初始化为 0，在第 11、第 14、第 17、第 20 行根据答案字符累加相应的分数，最后在第 24 行输出总得分。

4.10 参加临床实验的病人

知识点

带同义分支的 case 语句。

问题描述

在一次临床实验中，医生在编号从 1 到 30 的 30 个病人当中，选择了编号为 1、2、3、5、8、13、21 的 7 个病人参与临床实验。现给出部分病人的编号，请依次判断每个病人是否参加了这次临床实验？

关于输入

输入有多行，第一行是一个整数 $n(n\leqslant 30)$，表示病人的个数；

接下来 n 行每行一个整数，表示病人的编号。

关于输出

输出有 n 行，每行为对应病人是否参加了临床实验，如果参加了，输出 YES；否则，输出 NO。

例子输入

8
26
14
19
3
26
13
6
23

例子输出

NO
NO
NO
YES
NO
YES
NO
NO

提示
注意，输出的 YES 和 NO 必须都是大写形式。

解题思路
题目中被选为参加临床实验的病人的编号是固定的 7 个数。如果使用 if-else 语句判断是否编号在 7 个数之中，则语句书写长度较长，可读性不强。因为 case 分支只有遇到 break 语句时才中止，利用这个特点，可以采用带同义分支的 case 语句。

程序 4-10

```c
1.  #include <stdio.h>
2.  int main()
3.  {
4.      int i, n;                    /*循环相关的变量*/
5.      int id;                      /*病人编号变量*/
6.      scanf("%d", &n);             /*输入病人人数 n*/
7.      for (i=0; i<n; i++) {        /*循环 n 次*/
8.          scanf("%d", &id);        /*每次读入一个病人的编号*/
9.          switch(id) {             /*判断编号是否在 7 个数之中*/
10.         case 1:
11.         case 2:
12.         case 3:
13.         case 5:
14.         case 8:
15.         case 13:
16.         case 21:
17.             printf("YES\n");     /*任何分支匹配后,都执行这条语句*/
18.             break;               /*输出 YES 后,中止 switch 语句*/
19.         default:                 /*所有分支都不匹配,执行 default 分支*/
20.             printf("NO\n");      /*输出 NO*/
21.         }
22.     }
23.     return 0;
24. }
```

程序说明
程序第 7～第 22 行是一个循环 n 次的 for 循环语句。第 9～第 21 行是一个 switch 语句。其中第 10～第 16 行的 case 分支都对应着同样的第 17～第 18 行的处理。即 switch 语句中的表达式值与其中任何的 case 分支匹配,都执行第 17～第 18 行的语句。

习 题

(请登录 PG 的开放课程完成习题)

4-1 计算邮资

用户输入:邮件的重量,以及是否加快。

计算规则:重量在 1 克以内(包括 1 克),基本费 0.8 元。超过 1 克的部分,按照 0.5 元/克的比例加收超重费。

如果用户选择加快,多收 2 元。

4-2 点和正方形的关系

有一个正方形,4 个角的坐标 (x,y) 分别是 $(1,-1)$、$(1,1)$、$(-1,1)$、$(-1,-1)$、x 是横轴,y 是纵轴。编写一个程序,判断一个给定的点是否在这个正方形内。

4-3 判断一个数能否同时被 3 和 5 整除

判断一个数 n 能否同时被 3 和 5 整除。

4-4 能被 3、5、7 整除的数

输入一个整数,判断它能否被 3、5、7 整除,并输出以下信息:

(1) 能同时被 3、5、7 整除(直接输出 3 5 7,每个数中间一个空格)。

(2) 能被其中两个数整除(输出两个数,小的在前,大的在后。例如,3 5 或者 3 7 或者 5 7,中间用空格分隔)。

(3) 能被其中一个数整除(输出这个除数)。

(4) 不能被任何数整除(输出小写字符 n)。

4-5 最大数输出

输入三个整数,输出最大的数。

4-6 奇偶 ASCII 值判断

任意输入一个字符,判断其 ASCII 是否是奇数,若是,输出 YES;否则,输出 NO。

例如,字符 A 的 ASCII 值是 65,则输出 YES,若输入字符 B(ASCII 值是 66),则输出 NO。

4-7 简单计算器

一个最简单的计算器,支持＋、－、*、/ 4 种运算。只需考虑输入输出为整数的情况,数据和运算结果不会超过 int 表示的范围。

4-8 骑车与走路

在北大校园里,没有自行车,上课办事会很不方便。但实际上,并非去办任何事情都是骑车快,因为骑车总要找车、开锁、停车、锁车等,这要耽误一些时间。假设找到自行车,开锁并骑上自行车的时间为 27 秒;停车锁车的时间为 23 秒;步行每秒行走 1.2 米;骑车每秒行走 3.0 米。请判断走不同的距离去办事,是骑车快还是走路快。

4-9 鸡尾酒疗法

鸡尾酒疗法,原指"高效抗逆转录病毒治疗"(HAART),由美籍华裔科学家何大一于

1996年提出,是通过三种或三种以上的抗病毒药物联合使用来治疗艾滋病。该疗法的应用可以减少单一用药产生的抗药性,最大限度地抑制病毒的复制,使被破坏的机体免疫功能部分甚至全部恢复,从而延缓病程进展,延长患者生命,提高生活质量。人们在鸡尾酒疗法的基础上又提出了很多种改进的疗法。为了验证这些治疗方法是否在疗效上比鸡尾酒疗法更好,可用通过临床对照实验的方式进行。假设鸡尾酒疗法的有效率为 x,新疗法的有效率为 y,如果 $y-x$ 大于 5%,则效果更好,如果 $x-y$ 大于 5%,则效果更差,否则称为效果差不多。下面给出 n 组临床对照实验,其中第一组采用鸡尾酒疗法,其他 $n-1$ 组为各种不同的改进疗法。请编写程序判定各种改进疗法效果如何。

4-10 甲流病人初筛

在甲流盛行时期,为了更好地进行分流治疗,医院在挂号时要求对病人的体温和咳嗽情况进行检查,对于体温超过 $37.5℃$(含等于 $37.5℃$)并且咳嗽的病人初步判定为甲流病人(初筛)。现需要统计某天前来挂号就诊的病人中有多少人被初筛为甲流病人。

4-11 年龄与疾病

某医院想统计一下某项疾病的获得与否与年龄是否有关,需要对以前的诊断记录进行整理。

第 5 章

循环控制

本章将通过例题介绍循环控制结构(for 语句、while 语句和 do-while 语句)的使用。for 语句是最常用的循环结构,它的特点是所有的循环控制都在 for 后面的括号中,包括循环变量的初始化,循环条件,以及循环迭代。while 语句和 do-while 语句只关注循环条件,循环初始化和循环迭代应分别在循环前或循环体中的程序中完成。while 语句和 do-while 语句的主要差别是,do-while 语句的循环体至少会被执行一次,而 while 语句的循环体最少可能一次都不执行。

5.1 求 和

知识点

for 语句。

问题描述

求 $S_n = a + aa + aaa + \cdots + aa\cdots a$ 的值(最后一个数中 a 的个数为 n),其中 a 是一个 1~9 的数字,例如:$2+22+222+2222+22\,222$(此时 $a=2, n=5$)。

关于输入

一行,包括两个整数,第一个为 a,第 2 个为 $n(1 \leqslant a, n \leqslant 9)$,以空格分隔。

关于输出

一行,S_n 的值。

例子输入

2 5

例子输出

24690

解题思路

题目要求做连续的加法,比较适合于采用循环结构。因为循环的次数是指定的,不会在程序中发生变化,因此采用 for 语句控制循环次数最简单直观。对 S_n 可以为其定义一个累加变量 sum,初值为 0,每次加上一个数。但每次加的数值并不能直接获得,需要通过一定的计算。事实上,观察 a 和 aa,两者之间的表达式关系可以记为 $aa = a * 10 + a$;同样对于

aa 和 aaa,两者之间的表达式关系也可以记为 $aaa=aa*10+a$;依此类推。可以定义一个迭代变量 c,初值为 0,每次做迭代运算 $c=c*10+a$,就可以表示出每次需要累加到 sum 中的数值。

程序 5-1

```
1.  #include <stdio.h>
2.  int main()
3.  {
4.      int i, n;                    /*循环相关变量*/
5.      int a;                       /*指定的数字 a*/
6.      int c=0;                     /*迭代变量,表示每次累加的数值,初值为 0*/
7.      int sum=0;                   /*累加变量,最后结果为 Sn,初值为 0*/
8.      scanf("%d%d", &a, &n);       /*读入数字 a 及循环次数 n*/
9.      for (i=0; i<n; i++) {        /*循环 n 次*/
10.         c=c*10+a;                /*迭代计算每次需要累加的数值*/
11.         sum +=c;                 /*累加到 sum*/
12.     }
13.     printf("%d", sum);           /*输出 sum(即 Sn)的值*/
14.     return 0;
15. }
```

程序说明

程序第 7 行是 for 语句,其后的括号中包含初始化,循环条件和循环迭代三个部分,每个部分之间用分号(;)分隔。用 for 语句表示 n 次循环,一般都是循环变量(i)从 0 开始到小于 n 结束,循环变量(i)取值从 0 到 $n-1$ 这 n 个数值。

程序第 10 行的执行结果是 c 的值恰好是 i 个 a 构成整数的数值,程序第 11 行把该 c 值累加到 sum 变量中。程序第 13 行,循环结束时,sum 中的值即为所求的 S_n 的值,并输出。

5.2 求平均年龄

知识点

用 for 控制输入次数。

问题描述

班上有学生若干名,给出每名学生的年龄(整数),求班上所有学生的平均年龄,保留到小数点后两位。

关于输入

第一行有一个整数 $n(1<n \leqslant 100)$,表示学生的人数。其后 n 行每行有 1 个整数,是一个学生的年龄,取值为 15～25。

关于输出

输出一行,该行包含一个浮点数,为要求的平均年龄,保留到小数点后两位。

例子输入

18
17

例子输出

17.50

提示

要输出浮点数小数点后 2 位数字,可以用下面这种形式:printf("%.2f", num)。

解题思路

首先将学生的年龄累加到一起,再除以学生人数,即可求得平均年龄。累加需要使用循环结构,因为循环的次数 n 是指定的,因此可以使用 for 语句。累加可以在输入每个学生年龄的同时进行,因此程序中不必使用数组暂存所有学生的年龄后再累加计算。

程序 5-2

```
1.  #include <stdio.h>
2.  int main()
3.  {
4.      int n, i;                         /*循环相关的变量*/
5.      int a;                            /*学生年龄变量*/
6.      int sum=0;                        /*学生年龄总和,初值为 0*/
7.      scanf("%d", &n);                  /*读入学生人数 n*/
8.      for (i=0; i<n; i++) {             /*循环 n 次*/
9.          scanf("%d", &a);              /*每次读入一个学生的年龄*/
10.         sum +=a;                      /*累加到年龄总和 sum 中*/
11.     }
12.     printf("%.2f", (double)sum/n);    /*年龄总和除以人数即为平均年龄*/
13.     return 0;
14. }
```

程序说明

程序第 8~第 11 行是 for 语句,循环读入 n 个学生的年龄并累加到年龄总和变量 sum 中。程序第 12 行,循环结束时,用年龄总和(sum)除以人数(n),即为平均年龄。为了避免整数相除忽略小数部分,对整型变量 sum 的值强制类型转换为双精度浮点数类型。

5.3 连续分数求和

知识点

使用了循环变量值的 for 语句。

描述

给定正整数 $n(1 < n < 10\,000)$,求 $S = 1 + 1/2 + 1/3 + \cdots + 1/n$。

关于输入

输入仅一行,一个正整数 $n(1 < n < 10\,000)$。

关于输出

输出仅一行,分数和 S 的值(双精度浮点数,保留小数点后 9 位)。

例子输入

3

例子输出

1.833333333

解题思路

这也是一个累加和问题。对于累加公式 $S=1+1/2+1/3+\cdots+1/n$,把它写为递推公式的形式,则转变为 $S(n)=S(n-1)+1/n$,其中 $S(0)=0$。基于此,可以用循环的形式递推的计算出最终的 $S(n)$。

程序 5-3

```
1.  #include <stdio.h>
2.  int main()
3.  {
4.      int i, n;                    /*循环相关变量*/
5.      double s=0;                  /*累加变量,初值为 0*/
6.      scanf("%d", &n);             /*读入循环次数 n*/
7.      for (i=1; i<=n; i++) {       /*循环 n 次,递推计算 S(i)*/
8.          s +=1.0/i;               /*S(i)=S(i-1)+1/i*/
9.      }
10.     printf("%.9lf", s);          /*输出最终结果*/
11.     return 0;
12. }
```

程序说明

程序第 7~第 9 行是 for 语句,循环 n 次递推计算 $S(n)$。这里虽然也是循环 n 次,但其循环变量(i)不再像前几个程序一样为 0~n−1,而是为 1~n。这是因为在程序第 8 行需要用到循环变量 i 构造 $1/i$ 的值进行累加,i 只有为 1~n 才满足递推公式的要求。同时,程序第 8 行使用 $1.0/i$ 而不是 $1/i$,这是为了保证分式的结果值是满足精度要求的双精度浮点数值。如果程序中使用 $1/i$,则当 i 大于 1 时,$1/i$ 的值将始终是 0,程序将无法正确计算出最终结果。

程序中 for 语句的循环体只有一条语句(第 8 行),此时 for 语句的循环体可以不使用大括号({})括起来,但为了程序的可读性和规范性,还是建议大家保留大括号({})。

5.4　整数的立方和

知识点

使用了循环变量值的 for 语句。

问题描述

给定一个正整数 $k(1<k<10)$,求 1~k 的立方和 m。即 $m=1+2*2*2+\cdots+k*k*k$。

关于输入

输入只有一行,该行包含一个正整数 k。

关于输出

输出只有一行,该行包含 $1 \sim k$ 的立方和。

例子输入

5

例子输出

225

解题思路

这也是一个累加和问题。对于累加公式 $m=1+2*2*2+\cdots+k*k*k$,把它写为递推公式的形式,则转变为 $m(k)=m(k-1)+k*k*k$,其中 $m(0)=0$。基于此,可以用循环的形式递推地计算出最终的 $m(k)$。

程序 5-4

```
1.  #include <stdio.h>
2.  int main()
3.  {
4.      int i, k;                    /*循环相关的变量*/
5.      int m=0;                     /*累加变量,初值为 0*/
6.      scanf("%d", &k);             /*读入循环次数 k*/
7.      for (i=1; i<=k; i++) {       /*循环 k 次,递推计算 m(i)*/
8.          m+=i*i*i;                /*m(i)=m(i-1)+i*i*i*/
9.      }
10.     printf("%d", m);             /*输出最终结果*/
11.     return 0;
12. }
```

程序说明

程序第 7~第 9 行是 for 语句,循环 k 次递推计算 $m(k)$。这里的循环变量(i)也是 $1 \sim n$,以满足递推公式的要求。

5.5 求整数的和与均值

知识点

用 while 控制次数不可预知的循环。

问题描述

读入 n($1 < n < 10\,000$)个非零整数,求它们的和与均值。

关于输入

输入有多行,每行有一个整数(通过读到 0 判断输入结束)。

关于输出

输出只有一行,先输出和,再输出平均值(保留小数点后 9 位),两个数之间用空格分隔。

例子输入

344
222
343
222
0

例子输出

1131 282.750000000

提示

使用 printf("%.9lf",…)实现保留小数点后 9 位。

解题思路

这本质也是一个累加求和问题。但由于在输入结束前,不知道有多少数据,因此不适合用 for 语句,这时可以使用 while 语句。程序要求判断当读到的整数是 0 时输入结束,因此在累加每个整数前,都需要判断该整数是否为 0。如果是 0,则不再累加,循环结束。由于题目还要求计算均值,就需要知道共有多少个数据,因此每次循环时,对数据个数计数值加 1,可以获得数据总个数。

程序 5-5

```
1.  #include <stdio.h>
2.  int main()
3.  {
4.      int t;                              /*输入整数变量*/
5.      int n=0;                            /*整数计数变量*/
6.      int sum=0;                          /*整数求和变量*/
7.      scanf("%d", &t);                    /*输入第一个整数*/
8.      while (t !=0) {                     /*判断是否为最后一个整数(是否为 0)*/
9.          sum +=t;                        /*非零整数,累加到求和变量*/
10.         n++;                            /*整数计数值加 1*/
11.         scanf("%d", &t);                /*读入下一个整数*/
12.     }
13.     /*循环结束 sum 是整数的和,n 是整数的个数*/
14.     printf("%d %.9lf", sum, (double)sum/n);     /*输出和与均值*/
15.     return 0;
16. }
```

程序说明

程序第 8~第 12 行是 while 语句,循环多次累加计算输入整数的和与个数,直到遇到输入整数为 0 结束循环。在程序第 7 行处理对第一个整数的输入,在程序第 11 行处理对其余整数的输入。任何整数输入后都立即到程序第 8 行,检查输入的整数是否为 0(即输入是否结束)。只有当整数值不是 0 时,循环才继续。

程序第 14 行输出均值时,对整型变量 sum 的值通过强制类型转换转换为双精度浮点数后再与 n 相除,保证均值的计算精度。

5.6 整数位数计算

知识点

用 do-while 保证循环体至少执行一遍。

问题描述

读入整数 $n(0<n<10\,000)$,试计算其是多少位十进制数。

关于输入

一个整数 $n(0<n<10\,000)$。

关于输出

整数 n 的位数。

例子输入

999

例子输出

3

解题思路

我们注意到,对于 1 位数,除以 10 等于 0;对于 2 位数,两次除以 10 将等于 0;依此类推,只要把一个整数不断地用 10 去除,看多少次过后等于 0,则该整数就是多少位数。考虑到对于任何整数至少是 1 位数,也就是至少除以 10 一次,所以可以采用 do-while 循环。

程序 5-6

```
1.  #include <stdio.h>
2.  int main()
3.  {
4.      int n;                    /*输入的整数变量*/
5.      int m=0;                  /*计数被 10 除了多少次*/
6.      scanf("%d", &n);          /*读入整数*/
7.      do {                      /*循环*/
8.          n /=10;               /*除 10 一次*/
9.          m++;                  /*计数加 1*/
10.     } while (n>0);            /*检查是否结果已经为 0,不为 0 时循环继续*/
11.     printf("%d", m);          /*循环结束,m 即为整数的位数*/
12.     return 0;
13. }
```

程序说明

程序第 7~第 10 行是 do-while 语句,循环多次计算整数的位数。程序第 10 行,while 条件结束时需要使用分号(;)结束语句,这是 do-while 在语法上的特别之处,需要大家记住。

5.7 逆序输出整数

知识点

用 do-while 保证循环体至少执行一遍。

问题描述

给定正整数(不多于 5 位),按逆序输出各位数,如输入 123,输出 321;输入 10,则输出 01。

关于输入

一个最多 5 位的正整数。

关于输出

其逆序形式。

例子输入

123

例子输出

321

解题思路

此题要求把整数的各个位数颠倒输出,即最先输出的是个位数,然后是十位数,依此类推。有人可能考虑这样实现,即先把颠倒后的整数求出来,在把该整数值输出。但这样的做法存在问题,比如 10,颠倒输出应该是 01,而颠倒后的整数值是 01 即 1,输出则为 1,与题意不符。因此这道题目必须针对每一位单独处理输出。我们注意到,即使输入的整数是 0,也要输出 0,因此当用循环处理逆序输出的过程时,最好用 do-while 循环,保证输入整数至少被处理了一次。

程序 5-7

```
1.  #include <stdio.h>
2.  int main()
3.  {
4.      int n;                          /*整数变量*/
5.      scanf("%d", &n);                /*读入整数*/
6.      do {                            /*循环*/
7.          printf("%d", n%10);         /*输出个位上的数字*/
8.          n /=10;                     /*除以 10 后把高位数降低一位*/
9.      } while (n>0);                  /*如果整数值已经为 0,结束循环,否则继续*/
10.     return 0;
11. }
```

程序说明

程序第 6~9 行是 do-while 语句,循环逆序依次输出整数各个位上的数字。

5.8 矩阵中满足条件的元素下标之和

知识点
双重循环。

问题描述
在一个 m 行 n 列的矩阵中，找出所有数值 x 界于 min 和 max 之间的元素（即 min$\leq x \leq$ max），分别求出各元素行下标和列下标之和（下标从 0 开始计算）。

关于输入
第一行是 4 个整数，依次为矩阵的行数 m，列数 n，界最小值 min，界最大值 max（$2\leq m$, n, min, max≤ 30）。其后 m 行每行有 n 个整数，整数间用一个空格分隔。

关于输出
输出两个整数，依次为行下标之和与列下标之和，两个整数间用一个空格分隔。

例子输入

```
6   3   3   6
1   12  4
5   8   2
6   11  10
3   10  5
12  1   2
1   11  1
```

例子输出

```
9 4
```

解题思路
要处理一个二维矩阵上的数据，需要用双重循环对每一行的每一个数据进行处理。

程序 5-8

```
1.  #include <stdio.h>
2.  int main()
3.  {
4.      int i, j;                              /*循环变量*/
5.      int m, n;                              /*行、列数变量*/
6.      int min, max;                          /*最大、最小值变量*/
7.      int t;                                 /*临时变量,存储输入的整数*/
8.      int si=0, sj=0;                        /*行、列下标求和变量,初值为 0*/
9.      scanf("%d%d%d%d", &m, &n, &min, &max); /*输入行、列及最大、最小值*/
10.     for (i=0; i<m; i++) {                  /*循环 m 行*/
11.         for (j=0; j<n; j++) {              /*循环 n 列*/
12.             scanf("%d", &t);               /*在每一行的每一列,读入一个整数*/
13.             if (t>=min && t<=max) {        /*判断整数是否介于 min 和 max 之间*/
14.                 si +=i;                    /*介于之间,行下标累加*/
```

```
15.                    sj += j;                    /* 列下标也累加 */
16.                }
17.            }
18.        }
19.        printf("%d %d\n", si, sj);              /* 输出行下标和及列下标和 */
20.        return 0;
21.    }
```

程序说明

程序第 10～第 18 行是一个双重 for 循环。程序第 12 行读入的整数恰好是第 i 行第 j 列的整数。

5.9 肿瘤面积

知识点

双重循环。

问题描述

在一个正方形的灰度图片上,肿瘤是一块矩形的区域,肿瘤的边缘所在的像素点在图片中用 0 表示。其他肿瘤内和肿瘤外的点都用 255 表示。现在要求你编写一个程序,计算肿瘤内部的像素点的个数(不包括肿瘤边缘上的点)。已知肿瘤的边缘平行于图像的边缘。

关于输入

只有一个测试样例。第一行有一个整数 n,表示正方形图像的边长。其后 n 行每行有 n 个整数,取值为 0 或 255。整数之间用一个空格隔开。已知 n 不大于 1000。

关于输出

输出一行,该行包含一个整数,为要求的肿瘤内的像素点的个数。

例子输入

```
5
255 255 255 255 255
255   0   0   0 255
255   0 255   0 255
255   0   0   0 255
255 255 255 255 255
```

例子输出

```
1
```

提示

分别找到边缘的左上角和右下角,然后计算矩形面积。

解题思路

从上到下、从左到右逐个输入数字,边输入遍判断:遇到的第一"0"就是左上角的坐标 $(x1, y1)$;遇到的最后一个"0"就是右下角的坐标 $(x2, y2)$。最后把坐标之差相乘就是面积。

程序 5-9-1

```
1.  #include <stdio.h>
2.  int main()
3.  {
4.      int x1, y1, x2, y2;                 /*肿瘤左上角及右下角坐标*/
5.      int n;                              /*图像的边长*/
6.      int i, j;                           /*循环变量*/
7.      int t;                              /*临时变量,接收输入的像素值*/
8.      int area;                           /*肿瘤内部面积*/
9.      int status=0;                       /*搜索肿瘤左上角和右下角的状态变量*/
10.     /**
11.      * status==0  表示还没有找到第一个"0"
12.      * status==1  表示找到了第一个"0",此后(x1,y1)的值不再变化
13.      * 而(x2,y2)的值只要遇到"0"就被更新,所有数据处理完后,
14.      * 它就是最后一个"0"的坐标了
15.      */
16.     scanf("%d", &n);                    /*读入图像边长*/
17.     for (i=0; i<n; i++) {               /*循环图像的n行*/
18.         for (j=0; j<n; j++) {           /*循环图像的n列*/
19.             scanf("%d", &t);            /*读入(i,j)位置的像素值*/
20.             if (t==0) {                 /*如果像素值为0,则是肿瘤的边界*/
21.                 if (status==0) {        /*判断以前是否已经遇到过0*/
22.                     x1=i;               /*这是第一个0*/
23.                     y1=j;               /*记录下来左上角坐标*/
24.                     status=1;           /*更新搜索状态变量*/
25.                 }
26.                 x2=i;                   /*记录最后遇到的0的坐标*/
27.                 y2=j;                   /*它在循环结束时将是右下角坐标*/
28.             }
29.         }
30.     }
31.     area= (x2-x1-1) * (y2-y1-1);        /*计算肿瘤内部的面积*/
32.     printf("%d", area);                 /*输出面积值*/
33.     return 0;
34. }
```

程序说明

程序第17~第30行是一个两重for循环,循环中根据status变量的状态,分别定位第一个0的位置作为肿瘤左上角坐标,最后一个0的位置作为肿瘤右下角坐标。

程序 5-9-2

```
1.  #include <stdio.h>
2.  int main()
3.  {
4.      int n;                              /*图像的边长*/
```

```
5.      int i, j;                        /*循环变量*/
6.      int t;                           /*临时变量,接收输入的像素值*/
7.      int area=0;                      /*肿瘤内部面积,初值为0*/
8.      scanf("%d", &n);                 /*读入图像边长*/
9.      for (i=0; i<n; i++) {            /*循环图像的n行*/
10.         for (j=0; j<n; j++) {        /*循环找第i行上的第一个0*/
11.             scanf("%d", &t);         /*读入像素值*/
12.             if (t==0) break;         /*找到第一个0,跳出循环*/
13.         }
14.         for (j++; j<n; j++) {
15.             scanf("%d", &t);         /*读入像素值*/
16.             if (t==255)
17.                 area++;              /*肿瘤内部的像素,面积加1*/
18.             else
19.                 break;               /*到肿瘤边界,跳出循环*/
20.         }
21.         for (j++; j<n; j++) {
22.             scanf("%d", &t);         /*读入像素值*/
23.         }
24.     }
25.     printf("%d", area);              /*输出面积值*/
26.     return 0;
27. }
```

程序说明

程序 5-9-2 采用了另外一种思路解决肿瘤面积问题。它通过计数肿瘤内部像素点的个数计算肿瘤面积。因为肿瘤的边界平行于图像的边界,因此在每个水平的行上,从左向右穿过肿瘤的左边界(遇到第一个 0 像素),则进入肿瘤内部;穿过肿瘤的右边界(再次遇到第一个 0 像素),则离开肿瘤的内部,在此之间则都是肿瘤内部的像素点。

程序第 9~第 24 行是外层循环,对每一行进行处理。程序第 10~第 13 行用于定位肿瘤的左边界;程序第 14~第 20 行用于计数肿瘤内部的像素点,同时寻找右边界;程序第 21~第 23 把该行上剩余的像素点扫描完。

只要肿瘤的形状是凸多边形,并且边界平行于图像的边界,则程序 5-9-2 就能正确地计算肿瘤内部的面积,并不需要肿瘤的形状一定是矩形。

习　题

(请登录 PG 的开放课程完成习题)

5-1 奇数求和

计算正整数 $m\sim n$(包括 m 和 n)之间的所有奇数的和,其中,m 不大于 n,且 n 不大于 300。例如 $m=3, n=12$,其和则为:$3+5+7+9+11=35$。

5-2 与 7 无关数的平方和

一个正整数,如果它能被 7 整除,或者它的十进制表示法中某个位数上的数字为 7,则称其为与 7 相关的数。现求所有小于等于 $n(n<100)$ 的与 7 无关的正整数的平方和。

5-3 自由下落的球

一球从 h 米的高度自由落下，每次落地后又反跳回原高度的一半，再落下。求它在第 n 次落地时，共经过多少米，第 n 次反弹多高。

5-4 人民币支付

从键盘输入一指定金额（以元为单位，如 345），然后输出支付该金额的各种面额的人民币数量，显示 100 元、50 元、20 元、10 元、5 元、1 元各多少张，要求尽量使用大面额的钞票。

5-5 药房管理

随着信息技术的蓬勃发展，医疗信息化已经成为医院建设中必不可少的一部分。计算机可以很好地辅助医院管理医生信息、病人信息、药品信息等海量数据，使工作人员能够从这些机械的工作中解放出来，将更多精力投入真正的医疗过程中，从而极大地提高了医院整体的工作效率。

对药品的管理是其中的一项重要内容。现在药房的管理员希望使用计算机来帮助他管理。假设对于任意一种药品，每天开始工作时的库存总量已知，并且一天之内不会通过进货的方式增加。每天会有很多病人前来取药，每个病人希望取走不同数量的药品。如果病人需要的数量超过了当时的库存量，药房会拒绝该病人的请求。管理员希望知道每天会有多少病人没有取上药。

5-6 正常血压

监护室每小时测量一次病人的血压，若收缩压在 90～140 之间并且舒张压在 60～90 之间（包含端点值）则称为正常，现给出某病人若干次测量的血压值，计算病人保持正常血压的最长小时数。

5-7 统计满足条件的 4 位数个数

编写程序，读入若干个四位数（小于 30 个），求出其中满足以下条件的数的个数：个位数上的数字减去千位数上的数字，再减去百位数上的数字，再减去十位数上的数字的结果大于零。

第 6 章

数组基础

本章通过例题介绍 C 语言中数组的定义和使用。在 C 语言中，定义数组时，数组的大小必须是已知的常量。数组下标从 0 开始。二维数组实际上就是数组的数组。数组很多时候用于暂存待处理的数据，还有很多处理需要在数组本身上完成。访问数组元素是最需要注意的是避免访问越界。

6.1 陶陶摘苹果

知识点

用一维数组保存输入数据。

问题描述

陶陶家的院子里有一棵苹果树，每到秋天树上就会结出 10 个苹果。苹果成熟的时候，陶陶就会跑去摘苹果。陶陶有个 30 厘米高的板凳，当她不能直接用手摘到苹果时，就会踩到板凳上再试试。现在已知 10 个苹果到地面的高度，以及陶陶把手伸直的时候能够达到的最大高度，请帮陶陶算一下她能够摘到的苹果的数目。假设她碰到苹果，苹果就会掉下来。

关于输入

输入包括两行数据。第一行包含 10 个 100～200 之间（包括 100 和 200）的整数（以厘米为单位）分别表示 10 个苹果到地面的高度，两个相邻的整数之间用一个空格隔开。第二行只包括一个 100～120 之间（包含 100 和 120）的整数（以厘米为单位），表示陶陶把手伸直时能够达到的最大高度。

关于输出

输出文件包括一行，这一行只包含一个整数，表示陶陶能够摘到的苹果的数目。

例子输入

```
100 200 150 140 129 134 167 198 200 111
110
```

例子输出

解题思路

要判断陶陶是否能摘到苹果,必须知道苹果的高度和陶陶把手伸直时能够达到的最大高度。但后者在输入中是最后一个整数,这就使我们无法在读入苹果高度的同时判断陶陶是否能够摘到该苹果。解决的办法是,用一个数组先把所有苹果的高度先记录下来,等到读入了陶陶伸手的最大高度后,再根据数组中记录的苹果高度依次判断。

程序 6-1

```
1.  #include <stdio.h>
2.  int main()
3.  {
4.      int a[10];                      /*记录10个苹果高度的数组*/
5.      int b;                          /*陶陶伸手最大高度变量*/
6.      int i;                          /*循环变量*/
7.      int n=0;                        /*陶陶摘苹果的数目*/
8.      for (i=0; i<10; i++) {          /*循环10次*/
9.          scanf("%d", &a[i]);         /*读入每个苹果的高度并放入数组*/
10.     }
11.     scanf("%d", &b);                /*读入陶陶伸手最大高度*/
12.     for (i=0; i<10; i++) {          /*循环10次*/
13.         if (a[i]<=b+30) {           /*根据数组中记录的苹果高度判断*/
14.             n++;                    /*陶陶能摘到苹果,计数值加1*/
15.         }
16.     }
17.     printf("%d", n);                /*输出陶陶能够摘到的苹果的数目*/
18.     return 0;
19. }
```

程序说明

程序第 4 行定义了一个长度为 10 的数组,用于记录读入的苹果高度。程序第 8 ~ 第 10 行把苹果高度读入到数组中。程序第 12 ~ 第 16 行根据数组中记录的苹果高度判断陶陶是否能摘到,统计能摘到的苹果的个数。程序第 17 行输出陶陶能够摘到的苹果的数目。

6.2 相关数问题

知识点

用一维数组保存输入数据。

问题描述

列出一组数(10 ~ 99 之间的数)中所有与指定数(3、5 或 7)相关的数。所谓相关数,以 7 为例,是哪些个位或/且十位上包含 7,或它能被 7 整除的整数。

关于输入

第一行是整数 n,接着 n 行每行一个整数(10 ~ 99 之间的数)。最后一行为指定数(3、5 或 7)(共有 $n+2$ 行)。

关于输出

输出有多行。按输入顺序,输出所有与指定数相关的相关数,每个数单独一行。

例子输入

```
10
79
73
54
64
90
75
49
56
43
74
3
```

例子输出

```
73
54
90
75
43
```

解题思路

在读入指定数前,是无法判断读入的整数和指定数间是否相关的。因此需要定义一个数组把前面读入的数据暂存起来,待得到指定数后,再对数组中的数判断是否与指定数相关。虽然整数的数量是在输入数据中指定的,但因为题目规定这个数值不会比 100 大,因此可以定义一个长度为 100 的整数数组,足够存放所有读入的整数。

程序 6-2

```
1.  #include <stdio.h>
2.  int main()
3.  {
4.      int a[100];                              /*长度为 100 的整数数组*/
5.      int b;                                   /*指定数变量*/
6.      int i, n;                                /*循环相关的变量*/
7.      scanf("%d", &n);                         /*读入整数个数 n*/
8.      for (i=0; i<n; i++) {                    /*循环 n 次*/
9.          scanf("%d", &a[i]);                  /*读入每一个整数,并放入数组*/
10.     }
11.     scanf("%d", &b);                         /*读入指定数*/
12.     for (i=0; i<n; i++) {                    /*顺序遍历数组中的整数,判断相关性*/
13.         if (a[i]%10==b||a[i]/10==b||a[i]%b==0)
14.             printf("%d\n", a[i]);            /*相关,输出该整数*/
```

```
15.     }
16.     return 0;
17. }
```

程序说明

程序第 4 行定义了一个长度为 100 的数组,用于记录读入的 n 个整数。程序第 8~第 10 行把整数读入到数组中。程序第 12~第 15 行根据数组中记录的整数,判断是否与指定数 b 相关,如果相关,则输出该整数。

6.3 数组逆序重放

知识点

一维数组操作。

问题描述

将一个数组中的值按逆序重新存放。例如,原来的顺序为 8、6、5、4、1。要求改为 1、4、5、6、8。

关于输入

输入为两行:

第一行数组中元素的个数 $n(1<n<100)$。

第二行是 n 个整数,每两个整数之间用空格分隔。

关于输出

输出为一行:输出逆序后数组的整数,每两个整数之间用空格分隔。

例子输入

5
8 6 5 4 1

例子输出

1 4 5 6 8

解题思路

本题考查的重点是对数组操作。对数组逆序重排元素,可以采用交换数组中第一个元素和最后一个元素,第二个元素和倒数第二个元素,依此类推。通过循环处理这个过程,只需要把数组前一半元素和对应的后一半元素交换。

程序 6-3

```
1.  #include <stdio.h>
2.  int main()
3.  {
4.      int a[100];          /* 长度为 100 的整数数组 */
5.      int n, i;            /* 循环相关的变量 */
6.      int t;               /* 临时变量,用于交换数组元素 */
7.      scanf("%d", &n);     /* 读入整数的数目 n */
```

```
8.      for (i=0; i<n; i++) {              /*循环 n 次*/
9.          scanf("%d", &a[i]);            /*把整数读入数组*/
10.     }
11.     /*注意：只能循环半个数组*/
12.     for (i=0; i<n/2; i++) {            /*循环 n/2 次,交换 a[i]与 a[n-i-1]*/
13.         t=a[i];                        /*暂存 a[i]的值*/
14.         a[i]=a[n-i-1];                 /*把 a[n-i-1]的值交换给 a[i]*/
15.         a[n-i-1]=t;                    /*把 a[i]原来的值交换给 a[n-i-1]*/
16.     }
17.     printf("%d", a[0]);                /*输出第一个整数*/
18.     for (i=1; i<n; i++)                /*循环 n-1 次*/
19.         printf(" %d", a[i]);           /*输出剩余的整数,整数前加一个空格*/
20.     }
21.     return 0;
22. }
```

程序说明

程序第 4 行定义了一个长度为 100 的数组,用于记录读入的 n 个整数。程序第 8～第 10 行把整数读入到数组中。程序第 12～第 16 行完成对数组中前后元素值的交互,实现数组的逆序重放。循环从 i 等于 0 开始到 i 大于等于 $n/2$ 结束。对于 n 是奇数时,循环 $\lfloor n/2 \rfloor$ 次,中心的元素不需要交换;对于 n 是偶数时,恰好循环 $n/2$ 次。

程序第 17～第 20 行把逆序重放后的数组输出。根据要求,每两个整数之间有一个空格。这需要特殊处理第一个(或最后一个整数)。程序第 17 行输出第一个整数,其余的整数在输出前都加了一个空格。

6.4 平衡饮食

知识点

二维数组初始化;二维数组查表法。

问题描述

100 克不同食品的营养成分含量如表 6-1 所示。

表 6-1 食品营养成分表

食品	蛋白质	脂肪	碳水化合物	食品	蛋白质	脂肪	碳水化合物
大米	7.5	0.75	78	瘦肉	16.5	28.8	1.05
面	10	1.25	75	牛肉	17.7	20.33	4.06
蔬菜	1.5	0.19	4.28	鱼	14.9	0.8	0.93
豆类	35	18	42	食油	0	100	0
蛋	5	5	0.6	水果	0.85	0.5	8

各种营养成分所含热量如下:蛋白质 4.1 千焦耳/克;脂肪 9.3 千焦耳/克;碳水化合物 4.1 千焦耳/克。所谓平衡饮食是指食品的荤素搭配适当,蛋白质、脂肪和碳水化合物三者

提供的热量之比应在 14%～16%：30%～35%：49%～56%之间。

关于输入

输入只有一行,该行包含 10 个整数,它们之间用空格隔开,分别表示大米、面、蔬菜、豆类、蛋、瘦肉、牛肉、鱼、食油、水果的摄入量(鸡蛋的度量单位为只)。

关于输出

输出只有一行,包含根据输入的饮食情况计算出来的平衡状态:平衡输出 yes 或不平衡输出 no。

例子输入

200 100 240 100 1 100 100 100 25 150

例子输出

no

提示

鸡蛋的度量单位为只,其余的单位为克。

解题思路

把食品的营养成分含量表初始化到二维数组中便于程序中引用。其中鸡蛋的单位是只,为了统一处理方便,对其营养成分值都乘以 100。营养成分数组的每一行对应一种食品,因此后续循环中,利用循环变量 i 就可以访问到对应食品的营养成分记录。营养成分提供的总热量必须规格化后才能进行平衡性判断。

程序 6-4

```
1.  #include <stdio.h>
2.  int main()
3.  {
4.      /*定义二维数组存放营养成分含量表,特殊处理鸡蛋的单位*/
5.      double ingrd[][3]={{ 7.5, 0.75, 78},
6.                        { 10, 1.25, 75},
7.                        { 1.5, 0.19, 4.28},
8.                        { 35, 18, 42},
9.                        { 5.0*100, 5.0*100, 0.6*100},
10.                       {16.5, 28.8, 1.05},
11.                       {17.7, 20.33, 4.06},
12.                       {14.9, 0.8, 0.93},
13.                       {0, 100, 0},
14.                       {0.85, 0.5, 8}};
15.     /*计算根据营养成分表求食品的种类数目*/
16.     const int n=sizeof(ingrd)/sizeof(ingrd[0]);
17.     int i, amount;
18.     double prot, fat, sugar, total;
19.     /*根据食品的营养成分表,累加计算三种营养成分提供的热量*/
20.     prot=fat=sugar=0;
21.     for (i=0; i<n; i++) {
```

```
22.         scanf("%d", &amount);
23.         prot  +=ingrd[i][0] * amount/100 * 4.1;
24.         fat   +=ingrd[i][1] * amount/100 * 9.3;
25.         sugar +=ingrd[i][2] * amount/100 * 4.1;
26.     }
27.     /*规格化三种营养成分提供的热量*/
28.     total=prot+fat+sugar;
29.     prot /=total;
30.     fat /=total;
31.     sugar /=total;
32.     /*判断三种营养成分提供的热量比是否在平衡范围内*/
33.     if ((0.14<=prot && prot<=0.16) &&
34.         (0.30<=fat && fat<=0.35) &&
35.         (0.49<=sugar && sugar<=0.56))
36.         printf("yes");
37.     else
38.         printf("no");
39.     return 0;
40. }
```

程序说明

程序第4～第14行定义了一个二维数组。数组的行数未指定,由初始化数据的行数决定。数组的列数为3。对二维数组的初始化如程序中所示,内层大括号({})对应初始化每一行各列的数据。程序第16行计算该二维数组的行数,它通过整个数组的大小(sizeof(ingrd))除以每一行的大小(sizeof(ingrd[0]))获得。

程序第18～第26行累加计算各种食品相应营养成分所提供的热量。每读入一种食品的数量,就根据该食品营养成分计算出对应营养成分提供的热量,并进行累加。程序第27～第31行对营养成分提供的热量做规格化处理,以总热量为1,计算每种营养成分提供热量所占比例。最后程序第32～第38行判断营养成分提供热量比是否在平衡饮食规定的范围内。

6.5 矩阵转置

知识点

二维数组操作。

问题描述

写一个程序,使给定的一个矩阵数组转置,即行列互换。

关于输入

先输入一个正整数 n 代表矩阵是 n 行 n 列的(n 的大小不会超过100)。

其后 n 行,每行有 n 个整数,整数间以空格分隔。

关于输出

输出转置之后的矩阵:每行 n 个整数,整数间以一个制表符(\t)分隔,共 n 行。

例子输入

3
1 2 3
4 5 6
7 8 9

例子输出

1 4 7
2 5 8
3 6 9

提示

输出矩阵时行元素之间用制表符(\t)隔开。

解题思路

对矩阵 a 进行转置,即行列互换,也就是对每一对 $a[i][j]$ 和 $a[j][i]$ 两个元素的值交换,其中 $0 \leqslant i < j < n$。

程序 6-5

```
1.   #include <stdio.h>
2.   int main()
3.   {
4.       int a[100][100];              /* 100*100 的二维数组 */
5.       int i, j, n;                  /* 循环相关变量 */
6.       int t;                        /* 临时变量,用于交换 a[i][j]和 a[j][i] */
7.       scanf("%d", &n);              /* 读入矩阵的大小 n */
8.       /* 双重循环,读入矩阵到数组 a */
9.       for (i=0; i<n; i++) {
10.          for (j=0; j<n; j++) {
11.              scanf("%d", &a[i][j]);
12.          }
13.      }
14.      /* 双重循环,交换每一对 a[i][j]和 a[j][i] */
15.      for (i=0; i<n; i++) {
16.          for (j=i+1; j<n; j++) {   /* j 从 i+1 开始,保证 i<j */
17.              t=a[i][j];
18.              a[i][j]=a[j][i];
19.              a[j][i]=t;
20.          }
21.      }
22.      /* 按要求输出转置后的矩阵 */
23.      for (i=0; i<n; i++) {
24.          printf("%d", a[i][0]);    /* 特殊处理每行的第一个元素 */
25.          for (j=1; j<n; j++) {
26.              printf("\t%d", a[i][j]);
27.          }
```

```
28.        printf("\n");                    /*每行结束时换行*/
29.    }
30.    return 0;
31. }
```

程序说明

程序第 8～第 13 行使用双重循环读入矩阵。程序第 14～第 21 行使用双重循环完成对所有 a[i][j] 和 a[j][i] 对的值的交换,实现对矩阵的转置。程序第 22～第 29 行按题目要求输出转置后的矩阵。

习　　题

(请登录 PG 的开放课程完成习题)

6-1　计算矩阵边缘元素之和

输入一个整数矩阵,计算位于矩阵边缘的元素之和。所谓矩阵边缘的元素,就是第一行和最后一行的元素以及第一列和最后一列的元素。

6-2　矩阵乘法

计算两个矩阵的乘法。$n \times m$ 阶的矩阵 A 乘以 $m \times k$ 阶的矩阵 B 得到的矩阵 C 是 $n \times k$ 阶的,且 $C[i][j] = A[i][0] * B[0][j] + A[i][1] * B[1][j] + \cdots + A[i][m] * B[m][j]$($C[i][j]$ 表示 C 矩阵中第 i 行第 j 列元素)。

6-3　二维数组回形遍历

给定一个 row 行 col 列的整数数组 array,要求从 array[0][0] 元素开始,按回形从外向内顺时针顺序遍历整个数组,如图 6-1 所示。

6-4　二维数组右上左下遍历

给定一个 row 行 col 列的整数数组 array,要求从 array[0][0] 元素开始,按从左上到右下的对角线顺序遍历整个数组,如图 6-2 所示。

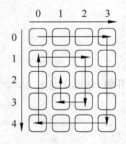

图 6-1　二维数组回形遍历

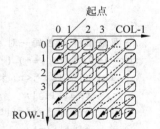

图 6-2　二维数组右上左下遍历

6-5　矩阵交换行

编写一个函数,输入参数是 5×5 的二维数组,和 n、m 两个行下标。功能:判断 n、m 是否在数组范围内,如果不在,则返回 0;如果在范围内,则将 n 行和 m 行交换,并返回 1。
在 main 函数中,生成一个 5×5 的矩阵,输入矩阵数据,并输入 n、m 的值。调用前面的函数。如果返回值为 0,输出 error。如果返回值为 1,输出交换 n、m 后的新矩阵。

第 7 章 字符串基础

本章将通过例题讲解在字符串处理中需要注意的一些问题。C 语言中的字符串是以 ASCII 码值为 0 的字符结尾的字符序列,字符串通常被存放在字符数组中。因为结尾 0 的关系,字符数组的大小需要比字符串的长度至少大 1,以存放字符串的结尾 0。

字符串输入输出可以使用 scanf 函数和 printf 函数,格式为%s,但这种方式只能输入中间无空格的字符串。如果希望字符串之间可以出现空格,则需要用 gets 输入。

遍历字符串不能通过遍历整个字符数组实现,应该在循环中判断是否到达字符串的结尾 0;或则根据字符串的长度来遍历。

判断两个字符串是否相等需要使用 strcmp 函数,复制字符串内容使用 strcpy 函数,求字符串的长度使用 strlen 函数。这些函数定义在 string.h 头文件中。

7.1 无空格字符串的输入输出

知识点
字符串的输入输出。

问题描述
输入一个中间没有空格的字符串,然后输出它。

关于输入
一个中间没有空格,长度不超过 50 的字符串。

关于输出
输出输入的字符串。

例子输入

programming.grids.cn

例子输出

programming.grids.cn

提示
输入输出字符串使用格式%s。

程序 7-1

```
1. #include <stdio.h>
2. #define MAX 50                    /*字符串最大长度*/
3. int main()
4. {
5.     char s[MAX+1];                /*字符数组大小应为字符串最大长度加1*/
6.     scanf("%s", s);               /*读入字符串到字符数组s中*/
7.     printf("%s", s);              /*输出字符数组s中的字符串*/
8.     return 0;
9. }
```

程序说明

程序第2行定义了字符串最大长度的宏常量。在C语言编程中,当遇到常量时,尽量用宏定义该常量,然后在程序中引用宏常量,不要直接引用数值常量本身,这会使程序的可读性和适应需求变化方面都更好。

程序第5行定义字符数组用来存放输入的字符串,因为C语言中的字符串都是以0结尾的,存放字符串的数组除了要存放字符串的字符内容外,还要存放其结尾0,因此字符数组的大小应为字符串的最大长度加1。

程序第6行调用 scanf 函数使用格式%s读入一个中间没有空格的字符串到字符数组s。注意这里不需要在变量s前加求地址运算符(&),因为数组变量名s本身的值就是一个地址值。

程序第7行调用 printf 函数,使用格式%s输出字符数组s中的字符串。有些读者可能认为,可以有更简单的输出方法,例如调用 printf(s)。通常情况下,这是对的。但也存在不正确的情况,比如字符串s中包含有特殊字符(如%、\等),则 printf(s) 和 printf("%s",s) 两者的输出内容就不一样了,后者能够完整地输出字符串s,但前者输出的内容会走样。

7.2 有空格字符串的输入输出

知识点

字符串的输入输出。

问题描述

输入一个中间有空格的字符串,然后输出它。

关于输入

一个中间有空格,长度不超过50的字符串。

关于输出

输出输入的字符串。

例子输入

例子输出

Programming Grid

提示

使用 gets 和 puts 输入输出字符串。

程序 7-2

```
1. #include <stdio.h>
2. #define MAX 50                 /*字符串最大长度*/
3. int main()
4. {
5.     char s[MAX+1];             /*字符数组大小应为字符串最大长度加1*/
6.     gets(s);                   /*读入字符串到字符数组 s 中*/
7.     puts(s);                   /*输出字符数组 s 中的字符串*/
8.     return 0;
9. }
```

程序说明

程序第 6 行调用 gets 函数读入一个中间有空格的字符串到字符数组 s。gets 读取输入中的字符,直到遇到换行回车符号为止,之前的一行字符内容会被完整地读入到字符数组 s 中。

程序第 7 行调用 puts 函数输出字符数组 s 中的字符串。在输出字符串内容后,puts 会在输出中增加一个换行符号。

需要注意的是,虽然 scanf 和 gets 都可以用于输入字符串,printf 和 puts 都可以用于输出字符串,但在实际编程中,一定不要把两者混合起来使用。当使用 gets 和 puts 时,就不要使用 scanf 和 printf;反之,当使用 scanf 和 printf 时,也不要使用 gets 和 puts。因为两者都是有缓冲区的输入输出函数,当两者使用的缓冲区是不同的,混合使用两者可能会导致输入输出的顺序和期望的不一致。

7.3 字符替换

知识点

字符串的扫描与修改。

问题描述

把一个字符串中特定的字符用给定的字符替换,得到一个新的字符串。

关于输入

输入有 $n+1$ 行,第一行是要处理的字符串的数目 n。

其余 n 行每行由三个字符串组成,第一个字符串是待替换的字符串,字符串长度小于等于 30 个字符;第二个字符串是一个字符,为被替换字符;第三个字符串是一个字符,为替换后的字符。

关于输出

有 n 行,每行输出对应的替换后的字符串。

例子输入

```
1
hello-how-are-you o O
```

例子输出

```
hellO-hOw-are-yOu
```

提示

注意本题的输入要求:其余各行每行由三个"字符串"组成,输入的控制形式为:

```
char s[31], a[2], b[2];
scanf("%s%s%s", s, a, b);
```

如果 a 和 b 要用字符表示,则输入的控制形式为:

```
char s[31], a, b;
scanf("%s %c %c", s, &a, &b);
```

即连续输入 2 个或以上字符(串)时,%c 和 %c 之间、%s 和 %c 之间要加上空格。

程序 7-3

```
1.   #include <stdio.h>
2.   #define MAX 30                              /*字符串最大长度*/
3.   int main()
4.   {
5.       int i, j, n;                            /*循环相关变量*/
6.       char s[MAX+1];                          /*存放字符串的字符数组*/
7.       char a, b;                              /*被替换和替换字符*/
8.       scanf("%d", &n);                        /*读入数据的组数*/
9.       for (i=0; i<n; i++) {                   /*对 n 组数据循环*/
10.          scanf("%s %c %c", s, &a, &b);       /*输入一组数据*/
11.          for (j=0; s[j]; j++) {              /*循环,遍历字符串中的每个字符*/
12.              if (s[j]==a)                    /*遇到变量 a 中的字符时*/
13.                  s[j]=b;                     /*把它替换成变量 b 中的字符*/
14.          }
15.          printf("%s\n", s);                  /*输出替换字符后的字符串*/
16.      }
17.      return 0;
18.  }
```

程序说明

程序第 11~第 14 行实现对字符串中出现的 a 字符替换为 b 字符。注意,程序第 11 行对字符串中字符的遍历过程,从数组下标 0 开始,当 s[i] 不是字符 '\0' 时继续,直到 s[i] 值为 '\0'(即 s[i] 值为 0)时,循环终止。也就是说,遍历字符串中的字符,遇到结尾 0 时结束循环。

7.4 求字母的个数

知识点
字符串;字符计数。

描述
在一个 ASCII 码字符串中找出小写元音字母(a、e、i、o、u)分别出现的次数。

关于输入
输入一行 ASCII 字符串(字符串中可能有空格,请用 gets(s) 函数把一行字符串输入到字符数组 s 中),字符串长度小于 80 个字符。

关于输出
输出一行,依次输出 a、e、i、o、u 在输入字符串中出现的次数,整数之间用空格分隔。

例子输入

If so, you already have a Google Account. You can sign in on the right.

例子输出

5 4 3 7 3

提示
注意,只统计小写元音字母 a,e,i,o,u 出现的次数。

程序 7-4-1

```
1.  #include <stdio.h>
2.  #include <string.h>
3.  #define MAX 80                              /*字符串最大长度*/
4.  int main()
5.  {
6.      int a, e, i, o, u;                      /*元音字母计数变量*/
7.      char s[MAX+1];                          /*字符数组*/
8.      int k;                                  /*循环变量*/
9.      a=e=i=o=u=0;                            /*初始化元音字母计数变量为 0*/
10.     gets(s);                                /*读入可能包含空格的字符串*/
11.     for (k=0; s[k]; k ++) {                 /*遍历字符串中的字符*/
12.         switch (s[k]) {                     /*对遇到的每个元音字母,其计数值加 1*/
13.             case 'a': a++; break;
14.             case 'e': e++; break;
15.             case 'i': i++; break;
16.             case 'o': o++; break;
17.             case 'u': u++; break;
18.         }
19.     }
20.     printf("%d %d %d %d %d", a, e, i, o, u);  /*输出元音字母出现的次数*/
21.     return 0;
22. }
```

程序说明

程序第 6 行定义 5 个整型变量对应于 5 个小写元音字母的出现次数,并在第 9 行使用连等的形式对这 5 个变量初始化为 0。程序第 10 行使用 gets 输入可能包含空格的字符串。程序第 11~第 19 行遍历字符串中的每个字符。程序第 12~第 18 行用 switch 语句判断一个字符是否是某个小写元音字母,如果是,则对应的计数变量值加 1。最后,程序第 20 行输出 5 个元音字母出现的次数。

程序 7-4-2

```
1.  #include <stdio.h>
2.  #include <string.h>
3.  #define MAX 80                          /*字符串最大长度*/
4.  #define ASCII 128                       /*ASCII 字符的个数*/
5.  int main()
6.  {
7.      int c[ASCII]={0};                   /*用数组计数每个字符的出现次数*/
8.      char s[MAX+1];                      /*字符数组*/
9.      int i;                              /*循环变量*/
10.     gets(s);                            /*读入可能包含空格的字符串*/
11.     for (i=0; s[i]; i++) {              /*遍历字符串中的字符*/
12.         c[s[i]]++;                      /*对遇到的每个字符,其计数值加 1*/
13.     }
14.     /*输出 5 个小写元音字母的出现次数*/
15.     printf("%d %d %d %d %d", c['a'], c['e'], c['i'], c['o'], c['u']);
16.     return 0;
17. }
```

程序说明

程序第 7 行定义一个整型数组,用来计数每个 ASCII 字符的出现的次数,使用简洁的初始化形式把数组元素的初值都设置为 0。程序第 10 行使用 gets 输入可能包含空格的字符串。程序第 11~第 13 行遍历字符串中的每个字符。程序第 12 行使用字符的 ASCII 码值作为数组下标更新该字符的出现次数。最后,程序第 15 行输出 5 个元音字母出现的次数。

7.5 删除单词后缀

知识点

求字符串长度;字符串的截断。

问题描述

给一组各分别以 er、ly 和 ing 结尾的单词,请删除每个单词的结尾的 er、ly 或 ing,然后按原顺序输出删除后缀后的单词(删除后缀后的单词长度不为 0)。

关于输入

输入的第一行是一个整数 $n(n \leqslant 50)$,表示后面有 n 个单词。

其后有 n 行,每行一个单词(单词中间没有空格,每个单词最大长度为32)。
关于输出
按原顺序输出删除后缀后的单词。
例子输入

```
3
referer
lively
going
```

例子输出

```
refer
live
go
```

提示
使用 strlen(str)方法可以知道字符串的长度。
使用 strcmp(str1,str2)可以判断两个字符串是否相等。
注意,这两个函数都在 string.h 中。
解题思路
删除单词后缀可以按两种思路编程:一种是严格按题意编写程序;另一种是根据问题的特点编写程序。第一种方法通过对每个单词的后缀与指定的每个后缀进行字符串相等比较,如果相等,则说明找到指定的后缀,则通过截断字符串的方式删除后缀,然后输出删除后缀后的字符串。第二种方法则充分利用题目的特点,可以通过判断每个单词的最后一个字符,即可知道该单词的后缀长度,直接根据后缀长度删除后缀,然后输出单词。

程序 7-5-1

```
1.  #include <stdio.h>
2.  #include <string.h>
3.  #define MAX 32                                  /*字符串最大长度*/
4.  int main()
5.  {
6.      char * suffixes[]={"er", "ly", "ing"};      /*待匹配的三个后缀字符串*/
7.      char word[MAX+1];                           /*字符数组*/
8.      int i, j, n;                                /*循环相关变量*/
9.      scanf("%d", &n);                            /*读入单词的数量 n*/
10.     for (i=0; i<n; i++) {                       /*循环 n 次*/
11.         scanf("%s", word);                      /*读入每个单词*/
12.         for (j=0; j<3; j++) {                   /*对每个后缀*/
13.             int len=strlen(word);               /*单词字符串长度*/
14.             int slen=strlen(suffixes[j]);       /*后缀字符串长度*/
15.             /*比较单词后缀是否是当前后缀字符串*/
16.             if (strcmp(suffixes[j], word+len-slen)==0) {
17.                 word[len-slen]=0;               /*通过设置字符串结束标记来删除后缀*/
```

```
18.            printf("%s\n", word);         /*输出删除后缀后的字符串*/
19.            break;                         /*结束后缀循环*/
20.         }
21.      }
22.   }
23.   return 0;
24. }
```

程序说明

根据第一种方法，程序第 6 行定义一个字符串数组 suffixes 用来保存待检测的三个后缀字符串。程序第 12～第 20 行通过循环依次判断单词和三个后缀字符串的哪一个匹配。程序第 16 行中，word+len-slen 是指针运算，它恰好指向单词 word 末尾上与当前后缀字符串等长的子字符串开始的位置，通过 strcmp 函数，可以判断它是否与当前后缀字符串相等。如果相等，则程序第 17～第 18 行删除单词 word 的后缀（将字符串的结束标记提前），并输出删除后缀后的单词。程序第 19 行通过 break 略过对剩余后缀字符串的判断，直接转到第 10 行开始下一个单词的处理。

程序 7-5-2

```
1.  #include <stdio.h>
2.  #include <string.h>
3.  #define MAX 32                          /*字符串最大长度*/
4.  int main()
5.  {
6.     int i, n;                            /*循环相关变量*/
7.     int p;                               /*单词字符串最后一个字符的下标*/
8.     char str[MAX+1];                     /*存放单词字符串的字符数组*/
9.     scanf("%d", &n);                     /*读入单词的数量n*/
10.    for (i=0; i<n; i++) {                /*循环n次*/
11.       scanf("%s", str);                 /*读入一个单词*/
12.       p=strlen(str)-1;                  /*求单词最后一个字符的下标*/
13.       if (str[p]=='g')                  /*单词以"g"结尾,后缀为"ing"*/
14.          str[p-2]=0;                    /*通过设置字符串结束标记来截断单词末尾三个字符*/
15.       else                              /*否则单词的后缀为两个字符长度*/
16.          str[p-1]=0;                    /*截断单词末尾两个字符*/
17.       printf("%s\n", str);              /*输出删除后缀后的单词*/
18.    }
19.    return 0;
20. }
```

程序说明

根据第二种方法，程序第 12 行求得单词最后一次字符的下标。程序第 13 行判断单词最后一个字符是否为 g。如果是 g，单词的后缀就是 ing，需要删除单词末尾三个字符。否则，单词的后缀为两个字符，直接删除单词的后两个字符即可删除对应的后缀，无论后缀是 er 还是 ly。

7.6 不能一起吃的食物

知识点

字符串数组；字符串的查表法；字符串的比较。

问题描述

很多食物一起吃会引起不良反应，例如：

红薯和柿子——会得结石
potato persimmon

鸡蛋和糖精——容易中毒
egg glucide

洋葱和蜂蜜——伤害眼睛
onion honey

豆腐和蜂蜜——引发耳聋
bean-curd honey

萝卜和木耳——皮肤发炎
radish agaric

芋头和香蕉——腹胀
taro banana

花生和黄瓜——伤害肾脏
pignut cucumber

牛肉和栗子——引起呕吐
beef chestnut

兔肉和芹菜——容易脱发
rabbit celery

螃蟹和柿子——腹泻
crab persimmon

鲤鱼和甘草——会中毒
carp liquorice

请写程序判断给定的一组食物是否能一起食用。

在你的程序中可使用如下字符串二维数组组织不能在一起食用的食物英文名称：

```
char * foodPairs [11][2]={
{"potato", "persimmon"},
{"egg", "glucide"},
{"onion", "honey"},
{"bean-curd", "honey"},
{"radish", "agaric"},
{"taro", "banana"},
{"pignut", "cucumber"},
{"beef", "chestnut"},
```

```
            {"rabbit", "celery"},
            {"crab", "persimmon"},
            {"carp", "liquorice"}};
```

在使用时，foodPairs[0][0]和foodPairs[0][1]都是字符串，分别是"potato"和"persimmon"。其余各组与此类似，分别是：

foodPairs[1][0]和foodPairs[1][1]
foodPairs[2][0]和foodPairs[2][1]
...
foodPairs[10][0]和foodPairs[10][1]

关于输入

输入的第一行为整数 $n(n\leqslant 100)$，表示有多少组食物。其后有 n 行，每行输入一组（两种）食物的名称，用空格作为分隔（食物名称中不含空格，并且其长度不超过64个字符）。

关于输出

输出有 n 行，对应的两种食物能一起食用时，输出 YES，否则输出 NO。

例子输入

```
4
cucumber chestnut
crab carp
rabbit celery
rabbit rabbit
```

例子输出

```
YES
YES
NO
YES
```

提示

使用 strcmp(str1, str2) 来比较字符串是否相等。

注意，这个函数在 string.h 中。

程序 7-6

```
1.  #include <stdio.h>
2.  #include <string.h>
3.  #define MAX 32                        /*字符串最大长度*/
4.  int main()
5.  {
6.      /*字符串二维数组组织不能在一起食用的食物英文名称*/
7.      const char * p[][2]={
8.              {"potato", "persimmon"},
9.              {"egg", "glucide"},
10.             {"onion", "honey"},
```

```
11.                    {"bean-curd", "honey"},
12.                    {"radish", "agaric"},
13.                    {"taro", "banana"},
14.                    {"pignut", "cucumber"},
15.                    {"beef", "chestnut"},
16.                    {"rabbit", "celery"},
17.                    {"crab", "persimmon"},
18.                    {"carp", "liquorice"}};
19.     int m=sizeof(p)/sizeof(p[0]);        /*不能在一起吃的食物数组行数*/
20.     int i, j, n;                         /*循环相关变量*/
21.     char a[MAX+1], b[MAX+1];             /*食物的名称*/
22.     scanf("%d", &n);                     /*读入食物名称对数目n*/
23.     for (i=0; i<n; i++) {                /*循环n次*/
24.         scanf("%s%s", a, b);             /*读入一组食物名称*/
25.         for (j=0; j<m; j++) {            /*在不能在一起吃的食物数组中查找*/
26.             if ((strcmp(a, p[j][0])==0 && strcmp(b, p[j][1])==0) ||
27.                 (strcmp(a, p[j][1])==0 && strcmp(b, p[j][0])==0))
28.                 break;                   /*查找匹配到一组不能一起吃的食物,中断查找过程*/
29.         }
30.         /* (j==m)时表示未匹配到,食物可以一起吃;否则匹配到,不能一起吃*/
31.         printf("%s\n", (j==m) ?"YES" : "NO");
32.     }
33.     return 0;
34. }
```

程序说明

程序第 6～第 18 行定义了一个二维字符串数组,把题目中涉及的所有不能在一起食用的食物英文名称组织在一起。请仔细阅读这段程序,理解如何定义并初始化二维字符串数组。

程序第 25～第 29 行通过循环遍历不能一起食用的食物名称数组,对每一对不能在一起食用的食物名称,比较当前食物名称对是否就是这一对不能一起食用的食物。如果匹配到,则通过第 28 行的 break 语句中断循环,此时循环变量 j 的值一定比 m 小,因此在第 31 行,可以通过判断 j 和 m 的值是否相等判断是否食物可以一起食用。

习 题

(请登录 PG 的开放课程完成习题)

7-1 统计数字字符个数

输入一行字符,统计出其中数字字符的个数。

7-2 输出亲朋字符串

编写程序,求给定字符串 s 的亲朋字符串 s1。

亲朋字符串 s1 定义如下:给定字符串 s 的第一个字符的 ASCII 值加第二个字符的 ASCII 值,得到第一个亲朋字符;给定字符串 s 的第二个字符的 ASCII 值加第三个字符的 ASCII 值,得到第二个亲朋字符;依此类推,直到给定字符串 s 的倒数第二个字符。亲朋字符串的最后一个字符由给定字符串 s 的最后一个字符 ASCII 值加 s 的第一个字符的 ASCII 值。

7-3　配对碱基链

脱氧核糖核酸(DNA)由两条互补的碱基链以双螺旋的方式结合而成。而构成 DNA 的碱基共有 4 种,分别为腺嘌呤(A)、鸟嘌呤(G)、胸腺嘧啶(T)和胞嘧啶(C)。大家知道,在两条互补碱基链的对应位置上,腺嘌呤总是和胸腺嘧啶配对,鸟嘌呤总是和胞嘧啶配对。你的任务就是根据一条单链上的碱基序列,给出对应的互补链上的碱基序列。

7-4　判断字符串是否为回文

编程,输入一个字符串,输出该字符串是否回文。
回文是指顺读和倒读都一样的字符串。

7-5　基因相关性

为了获知基因序列在功能和结构上的相似性,经常需要将几条不同序列的 DNA 进行比对,以此来判断该比对的 DNA 是否具有相关性。
现假设比对两条长度相同的 DNA 序列,当其中对应位上的相同碱基的比率大于某给定值时则断定该两条 DNA 序列是相关的,否则不相关。

7-6　过滤多余的空格

一个句子的每个单词之间也许有多个空格,过滤掉多余的空格,只留下一个空格。

7-7　单词的长度

输入一行单词序列,相邻单词之间由 1 个或多个空格间隔,请对应地计算各个单词的长度。
注意,如果有标点符号(如连字符,逗号),标点符号算作与之相连的词的一部分。没有被空格间开的符号串,都算作单词。

7-8　整理药名

医生在书写药品名时经常不注意大小写,格式比较混乱。现要求你写一个程序将医生书写混乱的药品名整理成统一规范的格式,即药品名的第一个字符如果是字母要大写,其他字母小写。如将 ASPIRIN、aspirin 整理成 Aspirin。

第 8 章

数值计算

本章通过例子介绍数值计算的处理。在数值计算过程中,多数情况下都应该采用双精度浮点数,以保证计算的精度。特别要注意数学公式中的分数常量,不能在表达式中直接使用整数除法表示分数常量,应该至少保证其中一个操作数的类型是双精度浮点数。数值计算很多时候都通过迭代的方式求取结果,迭代的次数越多,结果越精确。当然计算机中的双精度浮点数的精度是有限的,因此即使是无限的迭代,其计算精度也会受到双精度浮点数表示能力的限制。多数情况下,迭代的次数由问题所要求的精度决定。

8.1 求分段函数值

知识点

简单函数求值。

问题描述

给定一个分段函数 $y=\begin{cases} x & (x<1) \\ 2x-1 & (1 \leq x < 10) \\ 3x-11 & (x \geq 10) \end{cases}$,输入 x,求 y。

关于输入

一个实数 x。

关于输出

一个实数 y,要求精确到小数点后 4 位。

例子输入

2

例子输出

3.0000

解题思路

只需对自变量 x 的取值做判断,在不同的分支中用不同的表达式计算即可。

程序 8-1

```
1.  #include <stdio.h>
```

```
2.
3.    int main()
4.    {
5.        float x, y;                    /*自变量和函数值变量*/
6.
7.        scanf("%f", &x);               /*读入自变量x的值*/
8.        if (x<1)                       /*x落在第一段上*/
9.            y=x;
10.       else if (x<10)                 /*x不落在第一段时,落在第二段上*/
11.           y=2*x-1;
12.       else                           /*x不落在前两段,则一定落在第三段*/
13.           y=3*x-11;
14.       printf("%.4f", y);             /*根据题意要求输出函数值*/
15.
16.       return 0;
17.   }
```

8.2 定义计算四边形面积的函数

知识点

使用浮点数学函数。

问题描述

如果四边形4个边的长度分别为a、b、c、d,一对对角之和为2α,则其面积为:

$$S = \text{sqrt}((s-a)*(s-b)*(s-c)*(s-d) - a*b*c*d*\cos^2\alpha)$$

其中 $s=(a+b+c+d)/2$。

定义一个函数计算任意四边形的面积,前提是给出四边形的各条边长度以及一对对角的和。

关于输入

输入分5行:

前4行每行输入一个浮点数,分别是四边形4条边的长度。

第5行输入一个0~360之间的浮点数,表示四边形一对对角之和(角度制)。

关于输出

输出只有一行,输出计算得到的四边形面积,结果保留4位小数。

当公式中根号内的值计算出负值时,应给出 Invalid input 的提示。

例子输入

3
4
5
5

145

例子输出

16.6151

提示

cos()函数的参数应为弧度值,PI=3.1415926,浮点数用 double 类型。

程序 8-2

```
1.  #include <stdio.h>
2.  #include <math.h>
3.
4.  #define PI 3.1415926
5.
6.  int main()
7.  {
8.      double a, b, c, d, w, s, S2;
9.
10.     scanf("%lf%lf%lf%lf%lf", &a, &b, &c, &d, &w);
11.     w=PI*w/180/2;                          /*把角度换算为弧度*/
12.     s=0.5*(a+b+c+d);                       /*计算 s 的值*/
13.     S2=(s-a)*(s-b)*(s-c)*(s-d)
14.        -a*b*c*d*cos(w)*cos(w);             /*计算面积的平方值*/
15.
16.     if (S2<0)                              /*如果面积的平方小于零,说明输入数据有问题*/
17.         printf("Invalid input");
18.     else
19.         printf("%.4lf", sqrt(S2));         /*开根号求得多边形实际面积值*/
20.
21.     return 0;
22. }
```

程序说明

cos 函数定义在 math.h 中,程序第 2 行引入 math.h 头文件。因为 cos 函数的参数应为弧度值,所以程序第 11 行先把角度值换算为弧度值。程序第 13~第 14 行先计算 s 的平方值,防止计算出来的值不能开根号(当输入数据不正确时,可能出现此情况)。程序第 16~第 19 行,在判断 s 的平方值大于等于 0 后,再开根号求多边形的实际面积值。

另外,在程序第 12 行求 s 值时,把公式中的 1/2 直接转换为浮点数常量 0.5。千万不能在表达式中直接使用 1/2,因为 C 语言中,对两个整数相除,表达式的结果仍然是整数,1/2 的值是 0。

8.3 求一元二次方程的根

知识点

使用浮点数学函数、复数的处理。

问题描述

利用公式

$$x1=(-b+\text{sqrt}(b*b-4*a*c))/(2*a)$$
$$x2=(-b-\text{sqrt}(b*b-4*a*c))/(2*a)$$

求一元二次方程 $ax^2+bx+c=0$ 的根,其中 a 不等于 0。

关于输入

第一行是待解方程的数目 n。

其余 n 行每行含三个浮点数 a, b, c(它们之间用空格隔开),分别表示方程 $ax^2+bx+c=0$ 的系数。

关于输出

输出共有 n 行,每行是一个方程的根:

若是两个实根,则输出:$x1=\cdots;x2=\cdots;$

若两个实根相等,则输出:$x1=x2=\cdots;$

若是两个虚根,则输出:$x1=$实部$+$虚部i;$x2=$实部$-$虚部i;

所有实数部分要求精确到小数点后 5 位,数字、符号之间没有空格。

例子输入

```
3
1.0   3.0  1.0
2.0  -4.0  2.0
1.0   2.0  8.0
```

例子输出

```
x1=-0.38197;x2=-2.61803
x1=x2=1.00000
x1=-1.00000+2.64575i;x2=-1.00000-2.64575i
```

提示

1. 需要严格按照问题描述的顺序求解 $x1$、$x2$。
2. 方程的根以及其他中间变量用 double 类型变量表示。
3. 函数 sqrt() 在头文件 math.h 中。
4. 要输出浮点数、双精度数小数点后 5 位数字,可以用下面这种形式:printf("%.5f", num)。

注意,由于 C 编译器的不同,可能会出现 $x1$ 或 $x2$ 等于 -0 的情形,此时,需要把负号去掉。

程序 8-3

```
1.  #include <stdio.h>
2.  #include <math.h>
3.
4.  int main()
5.  {
6.      int n, i;
7.      double a, b, c, d, e, sqrtd2a;
8.
```

```
9.      scanf("%d", &n);
10.     for (i=0; i<n; i++) {
11.         scanf("%lf%lf%lf", &a, &b, &c);
12.         d=b*b-4*a*c;                                /*令 d=b²-4ac*/
13.         e= (b==0) ?0 : (-b)/(2*a);                  /*令 e=-b/2a;避免-0问题*/
14.
15.         if (d>0) {                                  /*d>0时有两个实根*/
16.             sqrtd2a=sqrt(d)/(2*a);
17.             printf("x1=%.5lf;x2=%.5lf\n", e+sqrtd2a, e-sqrtd2a);
18.         }
19.         else if (d<0) {                             /*d<0时有两个复数根*/
20.             sqrtd2a=sqrt(-d)/(2*a);
21.             printf("x1=%.5lf+%.5lfi;x2=%.5lf-%.5lfi\n",
22.                 e, sqrtd2a, e, sqrtd2a);
23.         }
24.         else {                                      /*d==0时两根相等*/
25.             printf("x1=x2=%.5lf\n", e);
26.         }
27.     }
28.
29.     return 0;
30. }
```

程序说明

程序第 10～第 27 行用循环处理每一组输入的数据。程序第 12 行把 b^2-4ac 的值存放在变量 d 中，便于后续判断和计算。同样，程序第 13 行把 $-b/(2a)$ 的值也存放在变量 e 中，便于后续计算，其中为了避免结果显示为"−0"，对 b==0 的情形做了特殊处理。程序第 15～第 26 行对 d（即 b^2-4ac）大于 0、小于 0 和等于 0 三种情况分别处理。程序第 16 和第 20 行，分别把 sqrt(d)/(2a) 和 sqrt(−d)/(2a) 的值保存在变量 sqrtd2a 中，避免重复计算。

8.4 计算 $f(x)=1+1/(1+1/(\cdots+1/(1+1/x)\cdots))$

知识点

递推法的应用。

描述

写函数计算：$f(x)=1+1/(1+1/(\cdots+1/(1+1/x)\cdots))$，公式中有 n 层嵌套（n 表示加号的个数）。

关于输入

在一行内输入正整数 n 和浮点数 x。

关于输出

输出计算结果，保留 10 位小数。

例子输入

10 2.0

例子输出

1.6180555556

解题思路

这个数列用递推公式表示为：$f(n)=1+1/f(n-1)$；$f(0)=x$。

程序 8-4

```
1.  #include <stdio.h>
2.
3.  int main()
4.  {
5.      int n, i;                      /* 循环相关变量 */
6.      double x;                      /* 存放 x=f(0)的值,及递推中 f(i)的值 */
7.
8.      scanf("%d%lf", &n, &x);        /* 递推次数 n,及 x 的值 */
9.      for (i=0; i<n; i++) {          /* n 次递推计算 */
10.         x=1+1/x;                   /* 应用递推公式：f(n)=1+1/f(n-1) */
11.     }
12.     printf("%.10f", x);            /* 输出 f(n)的值 */
13.
14.     return 0;
15. }
```

程序说明

程序第 9～第 11 行用循环递推的计算 $f(n)$ 的值。在循环开始前 $x=f(0)$；在每次循环结束后，下一次循环开始前，有 $x=f(i)$；当循环 n 次结束时，$i=n$，于是 $x=f(i)=f(n)$。

8.5 计算π的值

知识点

递推法的应用。

问题描述

π 的公式可表示为：

$$\pi = 2 * \prod_{k=1}^{n} \frac{\left[\frac{k}{2}\right]*2}{\left[\frac{k}{2}\right]*2+1}$$

例如，n 为 8 时，π 为 2 * (2/1 * 2/3 * 4/3 * 4/5 * 6/5 * 6/7 * 8/7 * 8/9)。计算输入 n 时，π 的值。

关于输入

一个整数，n 的值。

关于输出

根据输入的 n，输出 π 的值。

例子输入

10

例子输出

3.00218

解题思路

π 的递推公式可表示为：

$$\pi(n)=\pi(n-1)*\frac{\left\lfloor\dfrac{n}{2}\right\rfloor*2}{\left\lfloor\dfrac{n}{2}\right\rfloor*2+1},\quad \pi(0)=2$$

程序 8-5

```
1.  #include <stdio.h>
2.
3.  int main()
4.  {
5.      int n, i;                        /*循环相关变量*/
6.      double a, b;                     /*临时变量*/
7.      double t=2;                      /*递推变量,初值为2*/
8.
9.      scanf("%d", &n);                 /*读入递推次数n*/
10.     for (i=1; i<=n; i++) {
11.         a= (i+1)/2 * 2;              /*计算第i项的分子*/
12.         b= i/2 * 2+1;                /*计算第i项的分母*/
13.         t *= a/b;                    /*递推计算π(i)*/
14.     }
15.     printf("%.5lf", t);              /*输出π(n)的值*/
16.
17.     return 0;
18. }
```

程序说明

程序第 10～第 14 行用循环递推的计算 $\pi(n)$ 的值。在循环开始前 $t=\pi(0)$；在每次循环结束后，下一次循环开始前，有 $t=\pi(i-1)$；当循环 n 次结束时，$i=n+1$，于是 $t=\pi(i-1)=\pi(n)$。

程序第 11 和第 12 行中，需要计算 $\dfrac{i}{2}$ 的上下取整值。根据 C 语言整数除法的特点，表达式 $i/2$ 的值恰好是 $\left\lfloor\dfrac{i}{2}\right\rfloor$ 的值；$(i+1)/2$ 的值恰好是 $\left\lceil\dfrac{i}{2}\right\rceil$ 的值。

8.6 求出 e 的值

知识点

递推法的应用。

问题描述

利用公式 $e=1+1/1!+1/2!+1/3!+\cdots+1/n!$ 求 e。

关于输入

输入只有一行,该行包含一个整数 $n(2<n\leqslant 15)$,表示计算 e 时累加到 $1/n!$。

关于输出

输出只有一行,该行包含计算出来的 e 的值,要求打印小数点后 10 位。

例子输入

10

例子输出

2.7182818011

提示

e 以及 $n!$ 用 double 表示。

要输出浮点数、双精度数小数点后 10 位数字,可以用下面这种形式:printf("%.10f", num)。

解题思路

$n!$ 的递推公式为 $f(n)=f(n-1)*n, f(0)=1$。e 的递推公式为 $e(n)=e(n-1)+1/f(n), e(0)=1$。

程序 8-6

```
1.  #include <stdio.h>
2.
3.  int main()
4.  {
5.      int n, i;                       /*循环相关变量*/
6.      double e=1, f=1;                /*e和f的初值均为1*/
7.
8.      scanf("%d", &n);                /*读入递推次数n*/
9.      for (i=1; i<=n; i++) {
10.         f *= i;                     /*递推计算f(i)*/
11.         e += 1/f;                   /*递推计算e(i)*/
12.     }
13.     printf("%.10lf", e);            /*输出e(n)的值*/
14.
15.     return 0;
16. }
```

程序说明

程序第 9～第 12 行用循环递推计算 $e(n)$ 的值。在循环开始前 $e=e(0), f=f(0)$；在每次循环结束后，下一次循环开始前，有 $f=f(i-1), e=e(i-1)$；当循环 n 次结束时，$i=n+1$，于是 $e=e(i-1)=e(n)$。

8.7 自整除数

知识点

整数运算。

问题描述

对一个整数 n，如果其各个位数的数字相加得到的数 m 能整除 n，则称 n 为自整除数。例如 $21, 21\%(2+1)==0$，所以 21 是自整除数。现求 $10 \sim n (n<100)$ 之间的所有自整除数。

关于输入

有一行，整数 n，$(10 \leqslant n < 100)$。

关于输出

有多行。按从小到大的顺序输出所有大于等于 10，小于等于 n 的自整除数，每行一个自整除数。

例子输入

47

例子输出

10
12
18
20
21
24
27
30
36
40
42
45

程序 8-7

```
1.  #include <stdio.h>
2.
3.  int main()
4.  {
5.      int n, i;                              /*循环相关变量*/
```

```
6.      scanf("%d", &n);                        /* 读入整数 n */
7.
8.      for (i=10; i<=n; i++) {                 /* 循环遍历所有指定整数 */
9.          if (i%(i%10+i/10)==0) {             /* 检查 i 是否为自整除数 */
10.             printf("%d\n", i);              /* 是自整除数则输出 i */
11.         }
12.     }
13.
14.     return 0;
15. }
```

程序说明

程序第 8～第 12 行顺序遍历每个大于等于 10 的整数。程序第 9 行按自整除数的定义，计算整数 i 的个位数字($i\%10$)和十位数字($i/10$)的和作为除数，与整数 i 求余数，余数为 0 则表示 i 为自整除数。

8.8 短信计费

知识点

整数与浮点数混合运算。

问题描述

用手机发短信，一般一条短信资费为 0.1 元，但限定每条短信的内容在 70 个字以内（包括 70 个字）。如果你所发送的一条短信超过了 70 个字，则大多数手机会按照每 70 个字一条短信的限制把它分割成多条短信发送。假设已经知道你当月所发送的每条短信的字数，试统计一下你当月短信的总资费。

关于输入

第一行是整数 n，表示当月短信总条数，其余 n 行每行一个整数，表示各条短信的字数。

关于输出

当月短信总资费，单位为元，精确到小数点最后 1 位。

例子输入

```
10
39
49
42
61
44
147
42
72
35
46
```

例子输出

1.3

提示

使用 printf("%.1f", f)，精确到小数点最后 1 位。

解题思路

此题的关键是把所有超过 70 个字的短信换算为多条计费短信，计算计费短信总数。

程序 8-8

```
1.  #include <stdio.h>
2.
3.  int main()
4.  {
5.      int n, i;                        /* 循环相关变量 */
6.      int t;                           /* 每条短信字数变量 */
7.      int count=0;                     /* 短信计费条数变量,初值为 0 */
8.
9.      scanf("%d", &n);                 /* 读入短信总条数 n */
10.     for (i=0; i<n; i++) {            /* 循环 n 次 */
11.         scanf("%d", &t);             /* 读入一条短信的字数 */
12.         count += (t+70-1)/70;        /* 换算并累计计费短信条数 */
13.     }
14.     printf("%.1f", count * 0.1);     /* 计算短信总资费并输出 */
15.
16.     return 0;
17. }
```

程序说明

程序第 10～第 13 行对每条短信，根据其字数把它换算为多条计费短信，并累计计费短信总数。注意程序第 12 行中整数除法向上取整的计算方法。

8.9 打印水仙花数

知识点

按位处理整数。

问题描述

打印出所有"水仙花数"。所谓"水仙花数"是指一个十进制的 3 位整数，其各位数字的立方和等于该数本身。例如，152 是水仙花数，因为 153＝1×1×1+5×5×5+3×3×3。

关于输入

无输入。

关于输出

输出所有水仙花数，每行输出一个水仙花数。

解题思路

所有 3 位十进制整数是 100～999 整数。遍历这些整数,依次判断它们是否满足水仙花数的定义,即可找到所有的水仙花数。

程序 8-9

```
1.  #include <stdio.h>
2.
3.  int main()
4.  {
5.      int i;                                  /* 循环变量 */
6.      int a, b, c;                            /* 个、十、百位上的数字值 */
7.
8.      for (i=100; i<1000; i++) {              /* 变量所有的 3 位整数 */
9.          a=i%10;                             /* 取 i 的个位数字 */
10.         b=i/10%10;                          /* 取 i 的十位数字 */
11.         c=i/100;                            /* 取 i 的百位数字 */
12.         /* 各位数字的立方和与整数 i 比较 */
13.         if (a*a*a+b*b*b+c*c*c==i) {
14.             printf("%d\n", i);              /* 相等,是水仙花数,并输出 */
15.         }
16.     }
17.
18.     return 0;
19. }
```

程序说明

程序第 8～第 16 行遍历所有的 3 位十进制整数,依次判断每个数是否为水仙花数。计算整数 n 第 k 位(个位是最后 1 位)的公式为:$((n/10^{(k-1)})\%10)$。

8.10 满足条件的整数

知识点

综合应用。

问题描述

假设 a、b、c 均为整数,且满足 a、b、c 大于 1,并且小于等于 100,找出所有符合条件 $a^2+b^2=c^2$ 的整数组。

关于输入

无。

关于输出

按 a 从小到大的顺序输出所有满足条件的整数组(若 a 相同,则按 b 从小到大的顺序输出),每行一组,每一组数据的输出样式为:

3×3+4×4=5×5

注意：

(1) 3×3+4×4=5×5 和 4×4+3×3=5×5 是同一组数据，后者不要输出。

(2) 加号和等号左右各有一个空格。

(3) 9×9+12×12=15×15（在前）

　　9×9+40×40=41×41（在后）

解题思路 1

如果 $a^2+b^2=c^2$，则 $b^2+a^2=c^2$。而根据题意，这是同一组数组。因此，不失一般性，可令 $a \leqslant b$。同时，如果 $a=b$，则 $a^2+b^2=c^2=2a^2$，于是 $c=\sqrt{2}a$，可知 c 不是整数，不满足题意。所以一定有 $a<b$。

显然 a 和 b 的值都不可能是 100，否则有 $10\,000 < a^2+b^2 = c^2$，可知 $c>100$，不满足 c 应小于等于 100 的约束。因此在遍历所有可能的 a、b 组合时，可先确定 a 的取值为 1~99，再确定 b 的取值为 $a+1$~99。

在固定下来 a 和 b 的值后，为找到可能存在的 c，可以考虑 c 的取值范围。显然 c 的值比 a 和 b 都大，而 b 的值比 a 大，故有 $c \geqslant b+1$。同时 $c^2 = a^2+b^2 < a^2+2ab+b^2 = (a+b)^2$，故有 $c<a+b$。最终可以确定 c 的取值范围应从 $b+1$ 到 $\min(100, a+b-1)$ 之间。遍历 c 的取值范围，检查是否存在整数 c，使得 $a^2+b^2=c^2$ 即可。

程序 8-10-1

```
1.   #include <stdio.h>
2.
3.   #define MAX 100
4.
5.   int main()
6.   {
7.       int a, b, c, sq, cmax;
8.
9.       for (a=1; a<MAX; a++) {              /*遍历 a 的所有可能取值*/
10.          for (b=a+1; b<MAX; b++) {         /*固定 a 后,遍历 b 的所有可能取值*/
11.              sq=a*a+b*b;                   /*计算 a 与 b 的平方和*/
12.
13.              /*固定 a、b 后,计算 c 的最大可能取值*/
14.              cmax=((a+b)>MAX)?MAX : (a+b-1);
15.
16.              /*遍历 c 的所有可能取值*/
17.              for (c=b+1; c<=cmax; c++) {
18.                  /*判断 c 平方是否为 a 与 b 的平方和*/
19.                  if (c*c==sq) {
20.                      /*找到满足条件的 c,输出*/
21.                      printf("%d * %d+%d * %d=%d * %d\n", a, a, b, b, c, c);
22.                      /*中断循环,尝试下一组 a 与 b 的取值*/
23.                      break;
24.                  }
25.              }
```

```
26.         }
27.     }
28.
29.     return 0;
30. }
```

程序说明

程序第 9～第 27 行是一个双重循环，根据 a 与 b 取值的性质，循环遍历所有有效的 a、b 取值组合。程序第 14 行根据 c 的性质，求得 c 的最大可能取值。程序 17～第 25 行遍历所有可能的 c 的取值，依次判断 c 的平方是否为 a 与 b 的平方和，一旦找到了满足题意的 c，输出后中断对 c 的循环遍历，继续尝试下一组 a 与 b 的取值。

解题思路 2

前面程序中，查找满足条件的 c 的过程有些复杂，可以把这个部分单独抽取出来作为一个函数，使程序的可读性更强。

程序 8-10-2

```
1.  #include <stdio.h>
2.
3.  #define MAX 100
4.
5.  /**
6.   * 函数 find: 给定 a、b 后,查找满足条件的 c
7.   */
8.  int find(int a, int b)
9.  {
10.     int c;
11.     int sq=a*a+b*b;                        /*计算 a 与 b 的平方和*/
12.
13.     /*对于固定的 a 和 b,计算 c 的最大可能取值*/
14.     int cmax=((a+b)>MAX) ?MAX : (a+b-1);
15.
16.     /*遍历 c 的所有可能取值*/
17.     for (c=b+1; c<=cmax; c++) {
18.         if (c*c==sq) {                     /*判断 c 平方是否为 a 与 b 的平方和*/
19.             return c;                      /*找到满足条件的 c,返回 c 的值*/
20.         }
21.     }
22.
23.     /*未找到满足条件的 c,返回 0*/
24.     return 0;
25. }
26.
27. int main()
28. {
```

```
29.     int a, b, c;
30.
31.     for (a=1; a<MAX; a++) {              /*遍历a的所有可能取值*/
32.         for (b=a+1; b<MAX; b++) {        /*固定a后,遍历b的所有可能取值*/
33.             c=find(a, b);                /*给定a、b后,查找满足条件的c*/
34.             if (c>0) {                   /*c>0时表示找到满足条件的c*/
35.                 /*按输出格式要求输出*/
36.                 printf("%d*%d+%d*%d=%d*%d\n", a, a, b, b, c, c);
37.             }
38.         }
39.     }
40.
41.     return 0;
42. }
```

程序说明

程序第8~第25行是一个函数,用于给定a、b后,查找满足条件的c。使用函数后,主程序变得十分简洁,程序的可读性大大增强。

解题思路3

查找满足条件的c,还可以采用二分查找的方法。

程序8-10-3

```
1.  /**
2.   * 函数find: 给定a、b后,用二分法查找满足条件的c
3.   */
4.  int find(int a, int b)
5.  {
6.      int c;
7.      int sq=a*a+b*b;                      /*计算a与b的平方和*/
8.
9.      /*对于固定的a和b,计算c的最大最小可能取值*/
10.     int cmax= ((a+b)>MAX) ?MAX : (a+b-1);
11.     int cmin=b+1;
12.
13.     /*用二分法查找满足条件的c*/
14.     while (cmin<=cmax) {
15.         c= (cmin+cmax)/2;                /*取中值判断*/
16.         if (c*c>sq) {                    /*如果c的平方最大*/
17.             cmax=c-1;                    /*则最大可能取值为c-1*/
18.         }
19.         else if (c*c<sq) {               /*如果c的平方最小*/
20.             cmin=c+1;                    /*则最小可能取值为c+1*/
21.         }
22.         else {                           /*否则,c的平方是a与b的平方和*/
```

```
23.          return c;                      /*返回c*/
24.      }
25.  }
26.
27.  /*未找到满足条件的c,返回0*/
28.  return 0;
29. }
```

程序说明

这段源码对 find 函数进行了优化,采用二分法查找满足条件的 c,查找过程的效率得到更大的提升。

解题思路 4

查找满足条件的 c,还可以采用开平方反算 c 值再验证的方法。

程序 8-10-4

```
1.  #include <math.h>
2.
3.  int find(int a, int b)
4.  {
5.      int sq=a*a+b*b;                      /*计算a与b的平方和*/
6.      int c=(int)sqrt(sq);                 /*反算c的取值*/
7.
8.      if (c<=MAX && c*c==sq) {             /*检查整数c是否就是满足条件的c*/
9.          return c;                        /*满足条件,则返回c*/
10.     }
11.
12.     /*否则,未找到满足条件的c,返回0*/
13.     return 0;
14. }
```

程序说明

这段源码采用开平方反算 c 值再验证的方法对 find 函数进行了优化。在计算出 a 与 b 的平方和后,利用 math.h 中的求平方根函数,求出可能的 c 值。然后再检查 c 是否就是满足条件的整数 c。

这个函数更为简洁,但有些读者可能会担心,浮点数运算是有误差的,那么源码第 6 行求平方根会不会因为误差的原因而漏掉满足条件的 c 呢?对于本题,这种担心是不必要的,从反方向去思考,如果 a 和 b 的平方和恰好是某个 c 的平方,这时,求平方根的函数会非常精确地把 c 的平方计算为整数 c,不会有任何误差(因为 100 以内的平方数太小,而双精度浮点数的精度非常高)。

虽然这段程序更为简洁,但其计算效率不一定比二分查找法更好,因为求平方根的运算过程需要大量浮点数计算,总计算量反而可能较大。

8.11 细菌的战争

知识点

综合应用。

问题描述

有两种细菌,一种是有害菌,繁殖能力很强,每小时会繁殖一倍;另一种是有益菌,繁殖能力较弱,每小时能繁殖 5%。但在单位体积内,当有害菌数量超过 100 万时,多出的细菌会因为密度太大而迅速死亡,直到细菌数量下降到 100 万。已知每个有益菌每小时能消灭一个有害菌。给定单位体积内有害菌和有益菌的初始数量,请问多少小时后,有害菌将被有益菌消灭干净?

关于输入

输入的第一行为一个整数 n,表示后边有 n 组数据。

每组数据占一行,有两个整数,依次为有害菌和有益菌单位体积中的初始数量。整数之间用一个空格分隔。

关于输出

输出有 n 行,每行一个整数,为每组数据对应的有害菌将被有益菌消灭干净所用的小时数。

例子输入

```
4
364 78
289 48
952 40
966 23
```

例子输出

```
187
199
203
220
```

提示

1. 被消灭的有害菌不能繁殖。
2. 有害菌的总数最大为 100 万。

解题思路

此题可以通过计算每过一小时两种细菌剩余的数量来模拟整个过程。当有害菌剩余数为 0 时,模拟过程停止,统计经过的小时数即可。

程序 8-11

```
1.  #include <stdio.h>
2.
```

```
3.    int main()
4.    {
5.        int g, b;                              /*有益菌和有害菌的数量*/
6.        int i, n;                              /*循环相关变量*/
7.        int h;                                 /*模拟过程的小时数*/
8.
9.        scanf("%d", &n);                       /*数据组数n*/
10.       for (i=0; i<n; i++) {                  /*对每组数据*/
11.           scanf("%d%d", &b, &g);             /*读入两种细菌的初始数量*/
12.           for (h=0; b>0; h++) {              /*模拟细菌每小时数量的变化*/
13.               b-=g;                          /*被消灭的有害菌不能繁殖*/
14.               g=(int)(g*1.05);               /*有益菌一直在繁殖*/
15.               if ((b*=2)>1000000) {          /*剩余的有害菌成倍繁殖*/
16.                   b=1000000;                 /*但有害菌总量不会超过100万*/
17.               }
18.           }
19.           printf("%d\n", h);                 /*模拟过程结束,h为经过的小时数*/
20.       }
21.
22.       return 0;
23.   }
```

程序说明

程序第12~第17行模拟每过一小时,两种细菌的最终数量。程序第13行,先减去被消灭的有害菌,被消灭的有害菌不能繁殖。程序第14行计算繁殖后有益菌的数量,程序第15行计算有害菌繁殖后的数量,并判断繁殖后的数量是否比100万更大,如果更大,则在第16行把有害菌的数量限制在100万。循环的终止条件为有害菌完全被消灭,循环变量 h 记录了经过的小时数。

8.12 计算一个数的平方根

知识点

综合应用。

问题描述

根据级数运算,一个数的平方根能用如下公式表示:$sqrt(a)=\lim_{n\to\infty} f(n)$。

其中,$f(n)$是一个递推函数,其递推式如下:$f(n)=(f(n-1)+a/f(n-1))/2$。

显然,迭代的次数越多,求出的值就越精确。

对于一个给定的实数 a,请用上述方法求出它的平方根。

要求前后两次迭代出的 $f(n)$ 的差的绝对值小于等于 10^{-5} 方可终止。

关于输入

一个正实数 a。

关于输出

一个正实数,它的值是 a 的平方根,要求精确到小数点后7位。

例子输入

4

例子输出

2.00000000

提示

请使用 double 类型,迭代的初始条件可以选择 $f(0)=1$。

你的计算结果与直接调用 sqrt 函数得到的结果可能会不一样。

解题思路

此题要通过循环迭代不断逼近 a 的平方根。与前面程序中迭代次数都是指定的有所不同,这里迭代的终止条件是相邻两次迭代结果之差的绝对值要小于指定的精度要求。因此程序中需要保留前一次迭代的结果。计算绝对值可以使用 math.h 中定义的 fabs 函数。

程序 8-12

```
1.  #include <stdio.h>
2.  #include <math.h>
3.
4.  int main()
5.  {
6.      double a;                            /*输入变量*/
7.      double f=1;                          /*迭代变量*/
8.      double lastf;                        /*前一次迭代的结果变量*/
9.      scanf("%lf",&a);                     /*读入待求的实数a*/
10.
11.     do {                                 /*使用do-while循环,至少迭代一次*/
12.         lastf=f;                         /*记录上一次迭代的结果*/
13.         f=(lastf+a/lastf)/2;             /*做一次迭代*/
14.     } while (fabs(f-lastf)>=1e-5);       /*判断迭代终止条件*/
15.
16.     printf("%.7lf\n", f);                /*迭代结束,输出平方根*/
17.
18.     return 0;
19. }
```

程序说明

程序第 11~第 14 行采用 do-while 循环,至少做一次迭代,保证在第 14 行判断迭代终止条件时,前后两个迭代值都有效。

习 题

(请登录 PG 的开放课程完成习题)

8-1 人口增长问题

我国现有 x 亿人口,按照每年 0.1% 的增长速度,n 年后将有多少人?

8-2 验证极限

当整数 $n \to$ 无穷大时，$x/a^n \to 0$（其中 x 为任意常数，a 为大于 1 的常数）。

即：给定任意一个 $e>0$，总能找到一个 N，当 $n>N$ 时，$|x/a^n|<e$。

说明：x, a, e 为双精度，N 为整数。

8-3 完美立方

$a^3 = b^3 + c^3 + d^3$ 为完美立方等式。例如 $12^3 = 6^3 + 8^3 + 10^3$。编写一个程序，对任给的正整数 N（$N \leqslant 100$），寻找所有的四元组 (a, b, c, d)，使得 $a^3 = b^3 + c^3 + d^3$，其中 $1 < a, b, c, d \leqslant N$。

8-4 序列求和

有一分数序列 2/1, 3/2, 5/3, 8/5, 13/8, 21/13, …，求出这个数列的前 n 项之和。

8-5 向量内积

给定两个向量，$v1$ 和 $v2$。计算它们的内积 $= v1(1) * v2(1) + v1(2) * v2(2) + \cdots + v1(n) * v2(n)$。

8-6 求整数的和与均值

读入 n（$1 < n < 10\,000$）个非零整数，求他们的和与均值。

8-7 计算多项式的值

假定多项式的形式为 $x^n + x^{(n-1)} + \cdots + x^2 + x + 1$，请计算给定单精度浮点数 x 和正整数 n 值的情况下这个多项式的值。

8-8 计算表达式的值

编写程序，输入 n 的值，求 $1 - 1/2 + 1/3 - 1/4 + 1/5 - 1/6 + 1/7 - 1/8 + \cdots - 1/n$。

8-9 求阶乘的和

求前 n（$1 < n < 12$）个整数的阶乘的和（即求 $1! + 2! + 3! + \cdots + n!$）。

8-10 分数求和

输入 n 个分数并对它们求和，用约分之后的最简形式表示。

例如，$q/p = x1/y1 + x2/y2 + \cdots + xn/yn$，$q/p$ 要求是归约之后的形式。

如，5/6 已经是最简形式，3/6 需要规约为 1/2，3/1 需要规约成 3，10/3 就是最简形式。

注：分子和分母都没有为 0 的情况，也没有出现负数的情况。

8-11 数 1 的个数

给定一个十进制正整数 n，写下从 1 开始到 n 的所有整数，然后数一下其中所有出现的"1"的个数。例如当 $n=2$ 时，写下 1, 2。这样只出现了 1 个"1"；当 $n=12$ 时，写下 1, 2, 3, 4, 5, 6, 7, 8, 9, 10, 11, 12。这样出现了 5 个"1"。

8-12 含 k 个 3 的数

输入 2 个正整数 m 和 k，其中 $1 < m < 100\,000$，$1 < k < 5$，判断 m 能否被 19 整除，且恰好含有 k 个 3，如果满足条件，则输出 YES，否则，输出 NO。

例如，输入"43833 3"，满足条件，输出 YES。

如果输入"39331 3"，尽管有 3 个 3，但不能被 19 整除，也不满足条件，应输出 NO。

8-13 吃糖果问题

名名的妈妈从外地出差回来，带了一盒好吃又精美的巧克力给名名（盒内共有 N 块巧克力,20>N>0)。妈妈告诉名名每天可以吃一块或者两块巧克力。假设名名每天都吃巧克力,问名名共有多少种不同的吃完巧克力的方案。例如,如果 $N=1$,则名名第 1 天就吃掉它,共有 1 种方案;如果 $N=2$,则名名可以第 1 天吃 1 块,第 2 天吃 1 块,也可以第 1 天吃 2 块,共有 2 种方案;如果 $N=3$,则名名第 1 天可以吃 1 块,剩 2 块,也可以第 1 天吃 2 块剩 1 块,所以名名共有 2+1=3 种方案;如果 $N=4$,则名名可以第 1 天吃 1 块,剩 3 块,也可以第 1 天吃 2 块,剩 2 块,共有 3+2=5 种方案。现在给定 N,请你编写程序求出名名吃巧克力的方案数目。

第 9 章 素数问题

本章通过例子介绍素数判断及其相关问题。

9.1 求最小非平凡因子

知识点

求最小非平凡因子;素数判断。

问题描述

给定一个正整数 $n(2 \leqslant n \leqslant 50)$,求 n 的最小非平凡因子。

关于输入

输入仅一行,一个正整数 $n(2 \leqslant n \leqslant 50)$。

关于输出

输出仅一行,如果 n 是素数,输出 prime;否则,输出 n 的最小非平凡因子。

例子输入

35

例子输出

5

提示

对于合数 n,n 一定存在不大于 sqrt(n) 的素因子。

1 和 n 都是 n 的平凡因子,其他因子称为非平凡因子。

最小非平凡因子一定是素数。

解题思路 1

根据提示,对于任意一个正整数 n 要么是素数,要么一定存在一个比 sqrt(n) 更小的素因子。因此,只要从 2 到 sqrt(n) 遍历所有的整数,如果找到第一个能整除 n 的数,则这个数就是 n 的最小非平凡因子,否则,n 本身是一个素数。

程序 9-1-1

```
1.  #include <stdio.h>
2.  #include <math.h>
```

```
3.
4.  int main()
5.  {
6.      int n, i, t;
7.      scanf("%d", &n);
8.
9.      t=(int)sqrt(n);              /* 求不大于 sqrt(n)的最大正整数 t */
10.     for (i=2; i<=t; i++) {       /* 遍历从 2 到 t 的所有正整数 */
11.         if (n%i==0) {            /* 判断 i 是否整除 n */
12.             break;               /* 能整除 n 时,i 就是最小非平凡因子 */
13.         }
14.     }
15.     if (i>t) {                   /* i>t 时,说明 n 不存在不大于 sqrt(n)的素因子 */
16.         printf("prime");         /* 则 n 本身是素数 */
17.     }
18.     else {
19.         printf("%d", i);         /* 否则,i 就是 n 的最小非平凡因子 */
20.     }
21.
22.     return 0;
23. }
```

程序说明

程序第 9~第 14 行遍历从 2 到 sqrt(n)的所有正整数,查找 n 的最小非平凡因子。如果找到,则执行程序第 12 行,中断遍历过程,此时 i 的值一定不大于 t;反之,如果未找到,则 i 的值为 t+1,一定比 t 大,而 n 也一定不是合数,必然是素数。因此程序第 15~第 20 行通过 i 和 t 的大小关系,给出正确的结果。

解题思路 2

进一步,根据提示,最小非平凡因子一定是素数。而除了 2 以外,其他的素数都是奇数。因此,当确定 2 不是 n 的最小非平凡因子后,可以只遍历大于等于 3 且小于等于 sqrt(n)的所有奇数,即可确定 n 的最小非平凡因子是否存在。

程序 9-1-2

```
1.  #include <stdio.h>
2.  #include <math.h>
3.
4.  int main()
5.  {
6.      int n, i, t;
7.      scanf("%d", &n);
8.
9.      if (n%2==0) {
10.         printf("%d", 2);         /* 2 就是 n 的最小非平凡因子 */
11.         return 0;                /* 结束程序 */
12.     }
```

```
13.
14.     t=(int)sqrt(n);              /*求不大于 sqrt(n)的最大正整数 t*/
15.     for (i=3; i<=t; i +=2) {     /*遍历从 3 到 t 的所有奇数*/
16.         if (n%i==0) {            /*判断 i 是否整除 n*/
17.             break;               /*能整除 n 时,i 就是最小非平凡因子*/
18.         }
19.     }
20.     if (i>t) {                   /*i>t 时,说明 n 不存在不大于 sqrt(n)的素因子*/
21.         printf("prime");         /*则 n 本身是素数*/
22.     }
23.     else {
24.         printf("%d", i);         /*否则,i 就是 n 的最小非平凡因子*/
25.     }
26.
27.     return 0;
28. }
```

程序说明

这是一个经过优化的程序,程序第 9～第 12 行先判断 2 是否为 n 的最小非平凡因子,如果是,则输出结果,程序结束。如果不是,则在程序第 15～第 19 行的循环中,只需遍历所有的奇数,计算量可减少一半。

9.2 求前 n 个素数

知识点

素数枚举。

问题描述

若一个正整数只能被 1 和它本身整除,则称为素数。编写程序,求前 n 个素数。

关于输入

输入 n。

关于输出

打印前 n 个素数。

例子输入

10

例子输出

2
3
5
7
11
13
17

19
23
29

解题思路 1

对于每个整数 i，检查它是否能被 $[2, i)$ 之间的某个数 j 整除，即可判断出 i 是否为素数。这种方法的计算量较大。

程序 9-2-1

```
1.   #include <stdio.h>
2.
3.   int main()
4.   {
5.       int n, i, j;
6.
7.       scanf("%d", &n);
8.
9.       /*从最小的素数2开始检查素数,直到找到n个素数为止*/
10.      for (i=2; n>0; i++) {
11.          /*检查i是否被[2, i)之间的某个数j整除*/
12.          for (j=2; j<i; j++) {
13.              if (i%j==0) {
14.                  /*i被j整除,中断检查,此时j<i*/
15.                  break;
16.              }
17.          }
18.
19.          /*如果j==i,则循环是正常结束的,而不是由break语句中断的*/
20.          if (j==i) {
21.              /*输出找到的一个素数,待查找的素数n减1*/
22.              printf("%d\n", i);
23.              n--;
24.          }
25.      }
26.
27.      return 0;
28.  }
```

程序说明

这是最简单的素数枚举方法，程序第 10～第 25 行遍历每一个大于等于 2 的整数，检查它是否是素数。程序第 12～第 16 行判断一个整数 i 是否能被 $[2, i)$ 之间的某个数 j 整除。

解题思路 2

素数枚举方法可以被优化，事实上，不要考虑 $[2, i)$ 之间的所有数，除了第一个素数 2 以外，只需要考虑奇数 i 是否是素数，而且只要验证奇数 i 不能被 $[3, \mathrm{sqrt}(i)]$ 间的所有奇数整除即可。

程序 9-2-2

```c
1.  #include <stdio.h>
2.  #include <math.h>
3.
4.  int main()
5.  {
6.      int n, i, j, sqrti;
7.
8.      scanf("%d", &n);
9.
10.     /* 2 是第一个素数 */
11.     printf("2\n");
12.     n--;
13.
14.     /* 从 3 开始遍历每个奇数,直到找满 n 个素数为止 */
15.     for (i=3; n>0; i +=2) {
16.         /* 检查 i 是否被[3, sqrt(i))之间的某个奇数 j 整除 */
17.         sqrti=(int)sqrt(i);
18.         for (j=3; j<=sqrti; j +=2) {
19.             if (i%j==0) {
20.                 /* i 被 j 整除,中断检查,此时 j<=sqrti */
21.                 break;
22.             }
23.         }
24.
25.         /* 如果 j>sqrti,则循环是正常结束的,而不是由 break 语句中断的 */
26.         if (j>sqrti) {
27.             /* 输出找到的一个素数,待查找的素数 n 减 1 */
28.             printf("%d\n", i);
29.             n--;
30.         }
31.     }
32.
33.     return 0;
34. }
```

程序说明

程序第 11 行先输出第一个素数 2。其后只需要考虑奇素数。程序第 15～第 31 行遍历每一个大于等于 3 的奇数,检查它是否是素数。程序第 17～第 23 行判断一个奇数 i 是否能被[3, sqrt(i)]之间的某个奇数 j 整除。这个算法比改进前的算法效率会高很多。

解题思路 3

素数枚举方法还可以被进一步优化,只要验证奇数 i 不能被[2, sqrt(i)]间的所有素数整除即可。

程序 9-2-3

```
1.   #include <stdio.h>
2.   #include <malloc.h>
3.
4.   int main()
5.   {
6.       int n, i, j;
7.       int * primes;
8.       int k;
9.
10.      scanf("%d", &n);
11.
12.      /* 分配存放所有 n 个素数的数组,变量 k 表示当前找到的素数的个数 */
13.      primes= (int * )malloc(sizeof(int) * n);
14.      k=0;
15.
16.      /* 2 是第一个素数 */
17.      primes[k++]=2;
18.      printf("2\n");
19.
20.      /* 从 3 开始遍历每个奇数,直到找到满 n 个素数为止 */
21.      for (i=3; k<n; i+=2) {
22.          /* 检查 i 是否被[2, sqrt(i)]之间的某个素数 primes[j] 整除 */
23.          for (j=0; primes[j] * primes[j]<=i; j++) {
24.              if (i%primes[j]==0) {
25.                  /* i 被 primes[j]整除,中断检查,此时 primes[j]<=sqrt(i) */
26.                  break;
27.              }
28.          }
29.
30.          /* 如果 primes[j]>sqrt(i),
31.             则循环是正常结束的,而不是由 break 语句中断的 */
32.          if (primes[j] * primes[j]>i) {
33.              /* 输出找到的一个素数,待查找的素数 n 减 1 */
34.              printf("%d\n", i);
35.              primes[k++]=i;
36.          }
37.      }
38.
39.      free(primes);
40.      return 0;
41.  }
```

程序说明

程序第 13 行分配一个大小为 n 的动态数组,存放所有找到的素数。程序第 17～第 18

行处理找到的第一个素数 2。其后只需要考虑奇素数。程序第 21～第 38 行遍历每一个大于等于 3 的奇数,检查它是否是素数。程序第 23～第 28 行判断一个奇数 i 是否能被 [3, sqrt(i)] 之间的某个素数 primes[j] 整除。这个算法的效率更高,但它需要额外的存储空间存放找到的所有素数。

9.3 打印完数

知识点
素数判断的应用。

问题描述
一个数如果恰好等于比它自身小的因子之和,这个数就成为"完数"。例如,6 的因子为 1、2、3,而 6＝1＋2＋3,因此 6 是"完数"。编程序打印出 n 之内(包括 n)所有的完数,并按如下格式输出其所有因子: 6 its factors are 1,2,3。

关于输入
输入一个正整数。

关于输出
输出 n 以内所有的完数及其因子,每行一个完数。

例子输入
7

例子输出
6 its factors are 1,2,3

解题思路 1
1 肯定不是完数,因为它没有比其自身更小的因子,所以可以从 2 开始找完数。

对于任意大于 1 的整数 n,1 肯定是一个因子,可令累加变量 sum 的初值为 1。扫描 [2, n) 之间的所有整数 i,如果 i 能整除 n,则表明 i 是 n 的因子,把它累加到 sum 中。扫描结束后,若满足 sum==n,则 n 是完数。输出完数的过程与判断完数类似。

程序 9-3-1

```c
1.  #include <stdio.h>
2.
3.  /**函数 is_wanshu: 判断 n 是否为完数的函数
4.  */
5.  int is_wanshu(int n)
6.  {
7.      int i, sum=1;
8.
9.      /* 把 n 的所有非平凡因子累加到 sum 中 */
10.     for (i=2; i<n; i++) {
11.         if (n%i==0) {
12.             sum +=i;
```

```c
13.        }
14.     }
15.
16.     return (sum==n);
17. }
18.
19. /**函数 print_wanshu：按题目格式要求输出一个完数 n
20.  */
21. void print_wanshu(int n)
22. {
23.     int i;
24.
25.     printf("%d its factors are 1", n);
26.
27.     /*1一定是因子,因此只要逐个输出其他因子*/
28.     for (i=2; i<n; i++) {
29.         if (n%i==0) {
30.             printf(",%d", i);
31.         }
32.     }
33.
34.     printf("\n");
35. }
36.
37. int main()
38. {
39.     int n, max;
40.
41.     scanf("%d", &max);
42.     for (n=2; n<=max; n++) {      /*1肯定不是完数,从 2 开始循环*/
43.         if (is_wanshu(n)) {        /*调用 is_wanshu(),判断 n 是否为完数*/
44.             print_wanshu(n);       /*调用 print_wanshu(),输出完数 n*/
45.         }
46.     }
47.
48.     return 0;
49. }
```

程序说明

这段程序把判断完数和输出完数两个过程都抽象为函数。is_wanshu 函数用于判断 n 是否为完数，print_wanshu 函数用于当 n 是完数时按题目要求输出完数。主程序 main 函数中从 2 开始找所有小于等于 max 的完数，找到一个输出一个。

is_wanshu 函数通过把整数 n 的所有因子都累加到 sum 变量中，检查 sum 是否等于 n 来判断 n 是否为完数。print_wanshu 函数用类似的方法输出完数的所有因子。

解题思路 2

判断完数的方法还可以被改进,如果 i 是 n 的因子,则 n/i 也是 n 的因子,因子总是成对出现的,因此只要考查 $i \leqslant n/i$ 的所有因子即可。同时,如果 $i=n/i$,则只计算 i 是因子。

程序 9-3-2

```
1.   /**函数 is_wanshu:判断 n 是否为完数的改进函数
2.    */
3.   int is_wanshu(int n)
4.   {
5.       int i, sum=1;
6.
7.       /*把 n 的所有因子累加到 sum 中*/
8.       for (i=2; i*i<n; i++) {
9.           if (n%i==0) {
10.              sum +=i+n/i;
11.          }
12.      }
13.
14.      if (i*i==n) {
15.          sum +=i;
16.      }
17.
18.      return (sum==n);
19.  }
```

程序说明

这段源码对 is_wanshu 函数做了优化改进。源码第 8~第 12 行,如果 i 是 n 的因子,则 n/i 也是 n 的因子,可以同时把 i 和 n/i 累加到 sum 中。因此只需考虑 $i<n/i$(即 $i*i<n$)的所有整数是否为 n 的因子。源码第 14~第 16 行对 $i=n/i$ 的情形做特殊处理,只需把 i 累加到 sum 中。这段算法的效率比改进前要高很多。

9.4 验证哥德巴赫猜想

知识点

素数判断的高级应用;枚举素数的技巧。

问题描述

实现验证哥德巴赫猜想的程序。对于输入的 $n(n \leqslant 50\,000)$ 值,对 6~n 中每个偶数,将其分解为两个素数的和。

关于输入

一个大于等于 6 的正整数 n。

关于输出

对 6~n 中所有偶数,按照从小到大的顺序,以格式 6=3+3 输出,每个分解式占一行。如果一个数有多种分解方案,你的程序只要输出第一个加数最小的那个。

例如，10＝3＋7＝5＋5，你只需输出 10＝3＋7 即可。

例子输入

12

例子输出

6＝3＋3
8＝3＋5
10＝3＋7
12＝5＋7

提示

对素数判断必须加以优化（只要检查 2 和 $[3, \text{sqrt}(a)]$ 间的所有奇数）。

解题思路 1

遍历所有大于等于 6 且小于等于 n 的偶数 i，只需要判断每对整数 j 和 $i-j$ 是否都是素数。对素数 a 的判断，可以检查 2 或 $[3, \text{sqrt}(a)]$ 间的所有奇数是否能整除 a。因为本题要求处理 6～n 间的所有偶数，因此素数判断是程序效率的关键，采用简单的素数判定算法会导致程序运行超时。

程序 9-4-1

```
1.  #include <stdio.h>
2.  #include <math.h>
3.
4.  int isprime(int a)                       /* 判断 a 是否是素数的函数 */
5.  {
6.      int i, sqrta;
7.
8.      if (a%2==0) {                        /* 排除 a 是偶数的情形 */
9.          return 0;                        /* a 不是素数,返回 0 */
10.     }
11.
12.     sqrta=(int)sqrt(a);                  /* 计算出 sqrt(a) 的整数值 sqrta */
13.     for (i=3; i<=sqrta; i+=2) {          /* 遍历 3 到 sqrta 间的所有奇数 */
14.         if (a%i==0) {                    /* 排除 a 能被某个奇数整除的情形 */
15.             return 0;                    /* a 不是素数,返回 0 */
16.         }
17.     }
18.
19.     return 1;                            /* 其余的情形下,a 都是素数,返回 1 */
20. }
21.
22. int main()
23. {
24.     int n, i, j;
```

```
25.
26.     scanf("%d", &n);
27.     for (i=6; i<=n; i +=2) {              /* 遍历 6~n 间所有的偶数 */
28.         for (j=2; j<=i/2; j++)            /* 遍历所有的 j 和 i-j 的组合 */
29.             if (isprime(j) && isprime(i-j)) { /* j 和 i-j 是否都是素数 */
30.                 printf("%d=%d+%d\n", i, j, i-j); /* 都是则输出 */
31.                 break;                    /* 中断循环继续下一个偶数 */
32.             }
33.     }
34.
35.     return 0;
36. }
```

程序说明

这段程序采用最简单直接的方法实现对哥德巴赫猜想的验证。程序第 4～第 20 行是判断素数的函数(isprime())。isprime 函数第 8～第 10 行首先排除 n 是偶数的情形,再在第 12～第 17 行排除 n 能被 [3, sqrt(n)] 间某个奇数整除的情形,两种情形之外,n 就是素数。程序第 27～第 33 行遍历 6～n 间的每个偶数 i,查看 i 所有和式分解的两部分(j 和 i−j),是否 j 和 i−j 都是素数,如果都是就输出。

观察程序第 29 行对 isprime 函数的调用,会发现,对于第 27 行循环中的每一个偶数,isprime(2)都会被调用一次,类似的 isprime(3)、isprime(4)…都会被多次调用,如果能把每个整数是否为素数的判断结果保存下来,就不必多次调用 isprime 函数了。

解题思路 2

为了进一步提高算法运行的效率,考虑到程序运行过程中对每个整数都可能多次做素数判定,可以采用空间换时间的方法,预先用数组标记每个整数是素数还是合数,就可以通过查表的方式判断一个整数是否为素数,提高程序的效率。

程序 9-4-2

```
1.  #include <stdio.h>
2.
3.  #define MAXN    50000
4.
5.  int main()
6.  {
7.      int n, i, j;
8.
9.      /* isprime[a]==1 表示 a 是素数 */
10.     char isprime[MAXN+1]={0, 0};
11.
12.     scanf("%d", &n);
13.
14.     /* 一开始认为所有大于等于 2 的数都是素数 */
15.     for (i=2; i<=n; i++) {
```

```
16.             isprime[i]=1;
17.         }
18.
19.     /*利用已知的素数,逐个筛掉不是素数的数*/
20.     for (i=2; i<=n/2; i++) {
21.         if (isprime[i]) {
22.             /*素数 i 的倍数(j)一定不是素数*/
23.             for (j=i+i; j<=n; j +=i) {
24.                 isprime[j]=0;
25.             }
26.         }
27.     }
28.
29.     /*1..n 的所有素数都标记出来了,下面开始验证猜想*/
30.     for (i=6; i<=n; i +=2) {
31.         for (j=2; j<=i/2; j++) {
32.             if (isprime[j] && isprime[i-j]) {
33.                 printf("%d=%d+%d\n", i, j, i-j);
34.                 break;
35.             }
36.         }
37.     }
38.
39.     return 0;
40. }
```

程序说明

这个程序采用了空间换时间的方法,首先计算出每个整数是否为素数,把结果保存在一个数组(isprime)中,在判断 j 和 $i-j$ 是否同时为素数时,只需要判断 $isprime[j]$ 和 $isprime[i-j]$ 两个数组元素是否均为非 0 即可。

在构造素数数组(isprime)时,并不需要使用素数判定的方法,而是采用了一种称为筛选法的方式求素数。对于 $2\sim n$ 间的所有整数,第一个数 2 肯定是素数;排除所有能被 2 整除的数后,剩余的第一个数 3 一定也是素数;再排除所有能被 3 整除的数后,剩余的第一个数 5 一定也是素数;依此类推,待到剩下的第一个数已经比 $n/2$ 大时,剩余的数就都是素数了。

程序第 15~第 17 行首先把 $2\sim n$ 间的所有整数都标记为素数,然后在程序第 20~第 27 行,利用上面介绍的筛选的方式,把所有合数上的标记都清除掉,剩下还被标记的整数就一定是素数。最后程序第 32 行只需要判断 $isprime[j]$ 和 $isprime[i-j]$ 是否都被标记来确定 j 和 $i-j$ 都是素数。

这个程序不需要多次调用判断素数的过程,时间效率非常高,但需要较大的存储空间存放每个整数是否是素数的标记。这是一个典型的用空间换时间的程序。如果想进一步优化该程序,就需要在标记状态的压缩上做文章。

解题思路 3

为了兼顾算法的时间效率和空间效率,还可对算法进一步改进。首先,2 是素数中唯一的偶数,把 6~n 间的任意偶数分解为两个素数之和,这两个素数一定都是奇素数。因此,只需要存储所有的奇数是否为素数。另一方面,一个奇数是否为素数实际上只需要一个二进制位表示即可。定义一个整数数组,把每个奇数映射到对应的二进制位上,可以用尽量少的空间存放判定素数的查找表。这样就实现了在时间效率和空间效率两方面的平衡。

程序 9-4-3

```
1.  #include <stdio.h>
2.  #include <memory.h>
3.
4.  /*整数数组中的每一位对应一个奇数,通过宏来计算奇数 i 的数组下标和位偏移*/
5.
6.  /*宏 IDX(i)确定奇数 i 对应的数组元素的下标*/
7.  #define IDX(i)          ((i)/2/sizeof(unsigned int))
8.
9.  /*宏 OFF(i)确定奇数 i 在对应的数组元素中的比特位偏移*/
10. #define OFF(i)          ((i)/2%sizeof(unsigned int))
11.
12. /*判断奇数 i 所对应的整数位是否为 1,即 i 是否是素数*/
13. #define ISPRIME(i)      (isprimebits[IDX(i)] & (1UL<<OFF(i)))
14.
15. /*把奇数 i 所对应的整数位清 0,表示 i 是一个合数*/
16. #define CLEARPRIME(i) (isprimebits[IDX(i)] &=~ (1UL<<OFF(i)))
17.
18. int main()
19. {
20.     int n, i, j;
21.     unsigned int * isprimebits;                 /*奇素数标记位数组(动态数组)*/
22.     scanf("%d", &n);
23.
24.     /*数组的大小应为最大下标加 1,动态分配数组内存空间*/
25.     isprimebits= (unsigned int *)
26.             malloc((IDX(n)+1) * sizeof(unsigned int));
27.
28.     /*把数组中每个元素的每一位都设置为 1*/
29.     memset(isprimebits, -1, (IDX(n)+1) * sizeof(unsigned int));
30.
31.     /*利用已知的素数,逐个筛掉不是素数的数,只考虑奇素数*/
32.     for (i=3; i<=n/2; i +=2) {
33.         if (ISPRIME(i)) {
34.             /*素数 i 的奇倍数(j)也一定不是素数(不考虑偶倍数)*/
35.             for (j=3*i; j<=n; j +=2*i) {
36.                 CLEARPRIME(j);
37.             }
```

```
38.            }
39.        }
40.
41.    /* 3 到 n 间的所有奇素数都求出来了,下面开始验证猜想 */
42.    for (i=6; i<=n; i +=2) {
43.        for (j=3; j<=i/2; j +=2) {              /* 只考虑奇数对 j 和 i-j */
44.            if (ISPRIME(j) && ISPRIME(i-j)) {
45.                printf("%d=%d+%d\n", i, j, i-j);
46.                break;
47.            }
48.        }
49.    }
50.
51.    free(isprimebits);                           /* 释放动态数组内存 */
52.    return 0;
53. }
```

程序说明

这个程序利用比特位标记奇数是否为素数(不考虑任何偶数),比数组方式节省了 15/16 的存储空间,同时减少了一半的判断工作量。但由于位操作比数组操作复杂,当 n 不是非常大的情况下,算法实际运行的时间效率与数组方式基本相当。

程序第 4～第 16 行利用宏定义封装了对比特位的操作。IDX(i)用于定位奇数 i 在整数数组中的元素下标,OFF(i)用于定位奇数 i 在数组元素中的位偏移量,通过 IDX(i)和 OFF(i)可以确定奇数 i 对应于整数数组中的比特位。ISPRIME(i)使用到 IDX(i)和 OFF(i),它判断奇数 i 对应的比特位是否为 1,也就是奇数 i 是否被标记为素数。CLEARPRIME(i)用于清除对应的素数标记。在 ISPRIME(i)和 CLEARPRIME(i)中都使用到了按位操作,请读者仔细阅读理解。在定义宏时,宏的参数在引用时一定要加上括号括起来,如程序第 7 和第 10 行所示,宏参数 i 在后面的表达式中被括号括起来。如果不这样,当预编译宏被展开时,可能出现表达式优先级运算上的改变。

为了达到节省空间的目标,程序中采用了动态数组。程序第 21 行定义了一个指向无符号整数的指针,第 25 行调用 malloc 函数为动态数组分配了恰当的内存,第 29 行利用 memset 函数把整个数组的每一位都设置为 1,表示最开始,所有的奇数都被标记为素数。被错误标记为素数的合数将在程序第 32～第 39 行被更正。

程序第 32～第 39 行遍历 3～$n/2$ 的所有奇数,对于遇到的所有素数,把以该素数为因子的所有奇数都更正为合数(即调用 CLEARPRIME()清除素数标记)。注意这里不是把该素数的所有倍数都更正,而是只更正那些奇数倍的倍数。因为偶数倍的倍数都是偶数,不需要在程序中处理(如果处理,可能会导致数组中的奇素数标记的混乱)。

程序第 42～第 49 行遍历 6～n 的所有偶数,对于每个偶数 i,程序第 43～第 48 行遍历其所有的奇数对 j 和 $i-j$,在程序第 44 行调用宏 ISPRIME()判断 j 和 $i-j$ 是否同时为素数,如果同时为素数,则输出。这里不需要考虑 j 是偶数的情形,节省了一半的判断量。

习 题

（请登录 PG 的开放课程完成习题）

9-1 最大质因子序列

任意输入两个正整数 $m,n(1<m<n<5000)$，依次输出其中每个数的最大质因子（包括 m 和 n），如果某个数本身是质数，则输出这个数自身。输入格式：两个正整数之间以空格间隔。输出格式：最大质因子序列以逗号间隔。

例如，输入"5 10"，由于 5 的最大质因子为 5,6 的最大质因子为 3,7 的最大质因子为 7,8 的最大质因子为 2,9 的最大质因子为 3,10 的最大质因子为 5,则输出："5,3,7,2,3,5"。

9-2 整数的质因子

给出一个整数 $m(m>1)$，m 总是可以写成一些质数的乘积，如 $6=2*3,125=5*5*5$，把这些质数称为 m 的质因子。

9-3 因子分解

输入一个数，输出其素因子分解表达式。

表达式中各个素数从小到大排列。如果该整数可以分解出因子 a 的 b 次方，当 b 大于 1 时，写做 a^b；当 b 等于 1 时，则直接写成 a。

9-4 区间内的真素数

计算正整数 M 和 N 之间（N 不小于 M）的所有真素数。

真素数的定义：如果一个正整数 P 为素数，且其反序也为素数，那么 P 就是真素数。

例如，11,13 均为真素数，因为 11 的反序还是为 11,13 的反序为 31 也为素数。

9-5 素数对

两个相差为 2 的素数称为素数对，如 5 和 7、17 和 19 等，本题目要求找出特定范围内的素数对。

小于等于 n 范围内的素数对，当输入为 10 时，输出为 3 5 和 5 7。每对素数对为 1 行，中间用空格隔开。如果没有找到任何素数对，则输出 empty。

9-6 反质数

正整数 x 的约数个数表示为 $g(x)$。例如，$g(1)=1,g(4)=3,g(6)=4$。如果对于任意正整数 y，当 $0<y<x$ 时，x 都满足 $g(x)>g(y)$，则称 x 为反质数。整数 1、2、4、6 等都是反质数。现在任意给定两个正整数 M、N（包括 M 和 N），其中，$M<N<100\ 000\ 000$，按从小到大输出其中的所有反质数。如果没有，则输出大写的 NO。

9-7 求最大公约数问题

给定两个正整数，求它们的最大公约数。

9-8 最小公倍数

输入两个数，输出其最小公倍数。

第3篇 编程进阶

第3篇 演習例題

第 10 章

日期处理

本章介绍日期处理的相关问题。日期处理当中最重要的是判断年份是否是闰年。

10.1 闰年判断

问题描述

判断某年是否是闰年。

关于输入

输入只有一行,包含一个整数 $a(0<a<3000)$。

关于输出

一行,如果公元 a 年是闰年输出 Y,否则输出 N。

例子输入

2006

例子输出

N

解题思路

闰年的定义是年份数能被 4 整除但不能被 100 整除,或者年份数能被 400 整除。使用逻辑运算符 && 和 ||,可以在一个逻辑表达式中判断年份是否是闰年。

程序 10-1

```
1.  #include <stdio.h>
2.
3.  int main()
4.  {
5.      int a;                              /*年份变量*/
6.      scanf("%d",&a);                     /*读入年份*/
7.
8.      /*用一个逻辑表达式判断年份是否为闰年*/
9.      if (((a%4==0) && (a%100 !=0))||(a%400==0)) {
10.         printf("Y");                    /*是闰年,输出 Y*/
```

```
11.     }
12.     else {
13.         printf("N");                    /* 否则,不是闰年,输出 N */
14.     }
15.
16.     return 0;
17. }
```

程序说明

程序第 9 行使用一个逻辑表达式判断年份是否为闰年。虽然根据运算符之间的优先级关系,该程序 if 语句中表达式的所有括号都可以省略,但加上括号使程序的可读性更强。

10.2 计算给定日期是本年的第几天

描述

给定一个年、月、日值,求这天是该年的第几天。

关于输入

输入年月日,以空格分开。

关于输出

输出该天是该年的第几天。

例子输入

2006 11 15

例子输出

319

提示

```
// Provided the value of year, month and day,
// what day is it in this year?
// 1. January, 31 days
// 2. February, 28 days, 29 in leap years
// 3. March, 31 days
// 4. April, 30 days
// 5. May, 31 days
// 6. June, 30 days
// 7. July, 31 days
// 8. August, 31 days
// 9. September, 30 days
//10. October, 31 days
//11. November, 30 days
//12. December, 31 days
```

解题思路

求给定日期是本年的第几天,只需要把前面月份的天数累加起来,再加上本月的日期即可。需要注意的是,对于闰年,二月是 29 天,比平时多一天,需要在程序中特殊处理。可以把每月的天数存放在一个数组中。为了方便起见,可以忽略数组中下标为 0 的元素,从下标为 1 的元素开始记录对应月份的天数。其中二月对应天数预设为 28 天,待判断出本年是闰年时,再修改为 29 天,之后的计算过程就一致了。

程序 10-2

```
1.  #include <stdio.h>
2.
3.  int main()
4.  {
5.      /*查表法：days[i] 表示第 i 个月有多少天*/
6.      int days[]={0, 31, 28, 31, 30, 31, 30,
7.                  31, 31, 30, 31, 30, 31};
8.
9.      int y, m, d, i, c;
10.     scanf("%d%d%d", &y, &m, &d);         /*读入年、月、日*/
11.
12.     /*判断本年是否为闰年*/
13.     if ((y%4==0) && (y%100 !=0)||(y%400==0)) {
14.         days[2]++;                        /*闰年的二月为 29 天*/
15.     }
16.
17.     c=d;                                  /*先累加当月的天数*/
18.     for (i=1; i<m; i++) {                 /*再循环*/
19.         c +=days[i];                      /*累加前面月份的天数*/
20.     }
21.     printf("%d", c);                      /*输出给定日期是本年的第几天*/
22.
23.     return 0;
24. }
```

程序说明

程序第 6 和第 7 行定义并初始化了一个数组,用于记录对应月份有多少天(初始化时空出下标为 0 的元素不用)。程序第 10 行读入指定日期(年、月、日)。程序第 13～第 15 行判断本年是否为闰年,如果是闰年,把数组中二月的天数更新为 29 天。最后,程序第 17～第 20 行累加当月日期天数及先前月份的天数,得到给定日期是本年的第几天。

10.3　日　期　格　式

描述

在网页上填写日期时常按 yyyy-mm-dd 格式输入(yyyy、mm、dd 均为数字,且 1000≤yyyy≤9999,00≤mm≤99,00≤dd≤99),请根据年份,验证输入的日期是否是有效日期。

关于输入

第一行为数字 n，余下 n 行每行为一个 yyyy-mm-dd 格式的字符串。

关于输出

输出为 n 行，对应每行日期，如果日期为有效日期，输出 yes，否则输出 no。

例子输入

```
6
1995-02-29
2436-06-24
2902-03-04
1982-18-32
2718-05-11
2726-11-00
```

例子输出

```
no
yes
yes
no
yes
no
```

提示

可使用 scanf("%d-%d-%d", &yyyy, &mm, &dd); 读入一个日期的年、月、日。

注意：闰年为能被 4 整除，或不能被 100 整除但能被 400 整除的年份。

解题思路

要判断日期格式是否正确，主要是关心月份数应该是 1~12，月内日期数应该在本月天数以内。通过数组可以把每个月的天数存放起来便于判断，但需要特殊处理二月的天数。考虑到程序需要循环处理多组数据，月份天数数组会被反复使用，在判断年份为闰年更新二月天数为 29 后，遇到非闰年，还需要把天数改回 28。

程序 10-3

```
1.  #include <stdio.h>
2.
3.  int main()
4.  {
5.      /*查表法：days[i] 表示第 i 个月有多少天*/
6.      int days[]={0, 31, 28, 31, 30, 31, 30,
7.                   31, 31, 30, 31, 30, 31};
8.
9.      int i, n;                      /*循环相关变量*/
10.     int y, m, d;                   /*年、月、日变量*/
11.
12.     scanf("%d", &n);               /*输入数据组数 n*/
```

```
13.     for (i=0; i<n; i++) {                    /*循环n次*/
14.         scanf("%d-%d-%d", &y, &m, &d);        /*每次读入一组日期*/
15.
16.         /*判断当前年份是否为闰年*/
17.         if ((y%4==0) && (y%100 !=0) || (y%400==0)) {
18.             days[2]=29;                       /*闰年,更新二月天数为29天*/
19.         }
20.         else {
21.             days[2]=28;                       /*非闰年,更新二月天数为28天*/
22.         }
23.
24.         /*检查月份数值和天数数值是否超出允许的范围*/
25.         if (m<1||m>12||d<1||d>days[m]) {
26.             printf("no\n");
27.         }
28.         else {
29.             printf("yes\n");
30.         }
31.     }
32.
33.     return 0;
34. }
```

程序说明

程序第6和第7行定义并初始化了一个数组,用于记录对应月份有多少天(初始化时空出下标为0的元素不用)。程序第14行采用了特殊的格式来输入数据,scanf函数的格式字符串中出现的额外字符必须出现在输入中,scanf才能正确输入数据。当然,给定的输入都是满足格式要求的。程序第17~第22行根据当前年份是否为闰年正确设置二月的天数。程序第25行判断月份和天数的数值是否在允许的范围内。

10.4 星 期 几

问题描述

给出一个日期,求出这天是星期几。
周一至周日分别用如下英文缩写表示:

Mon.
Tue.
Wed.
Thu.
Fri.
Sat.
Sun.

关于输入

3个正整数,分别表示年、月、日,题目保证输入的日期是有效的。

关于输出

以英文缩写的形式输出这天是星期几(注意最后有个句点"."）。

例子输入

2006 11 26

例子输出

Sun.

提示

根据基督教的创世理论,公元1年1月1日是星期一。
这道题的年份可能很大,解法不当就会导致超时或溢出。

解题思路

这道题的年份可能很大,解法不当就会导致超时或溢出,应该通过简单的数学运算得到结果,而不是用循环累加:

1. 如果不考虑闰年,则每过1年,星期也增加1(365％7=1),因此,y 年的1月1日的星期数可用 y％7 表示。

2. 考虑了闰年后,对于 1~y 年之间的每个闰年,都会使星期数额外增加1,而 y 年以前有多少个闰年可以用除法求出(公式:$y/4 - y/100 + y/400$)。

3. 知道了 y 年1月1日是星期几后,该年的其他日期是星期几就容易求出了,但要特别注意 y 年本身是闰年的情况。

程序 10-4

```
1.  #include <stdio.h>
2.  #include <string.h>
3.
4.  int main()
5.  {
6.      /*定义数组,记录每个月份有多少天*/
7.      int days[]={0, 31, 28, 31, 30, 31, 30,
8.                  31, 31, 30, 31, 30, 31};
9.
10.     /*定义数组,把星期的整数值映射到英文简称字符串*/
11.     char * weekdays[]=
12.         { "Sun", "Mon", "Tue", "Wed", "Thu", "Fri", "Sat"};
13.
14.     int y, m, d, w, i;
15.     scanf("%d%d%d", &y, &m, &d);
16.
17.     /**w 用于计算星期几,它的值本身是多少并不重要,只关心它除7的余数
18.       *下面一行执行后,w 表示 y 年的1月1日是星期几
```

```
19.        * 注意如果 y 年本身是闰年,这个数值会多 1
20.        */
21.        w=y%7+y/4-y/100+y/400;
22.
23.        /* 循环后,w 表示 y 年 m 月的 1 日是星期几,然后又加上了天数 */
24.        for (i=1; i<m; i++) {
25.            w +=days[i];
26.        }
27.        w +=d-1;
28.
29.        /* 对于闰年,如果 2 月还没有过,要扣掉前面多算了的 1 天 */
30.        if (((y%4==0 && y%100 !=0)||y%400==0) && (m<=2)) {
31.            w--;
32.        }
33.        printf("%s.\n", weekdays[w%7]);
34.
35.        return 0;
36. }
```

程序说明

程序第 7 和第 8 行定义数组记录每月的天数。程序第 11 和第 12 行定义数组映射星期数与英文简称字符串。程序第 21 行计算当年的 1 月 1 日是星期几,但当年是闰年时,这个值比实际的值多 1。程序第 24~第 27 行把当年的日期天数加到一起,得到当天的星期数。如果当年是闰年,还要根据当天是否在 1 月或 2 月,减去前面多算的一天。最后,把 w 值除 7 取余后转换为字符串输出。

10.5 相 关 月

问题描述

"相关月"是指那些在一年中月份的第一天星期数相同的月份。例如,九月和十二月是相关的,因为九月一日和十二月一日的星期数总是相同的。两个月份相关,当且仅当两个月份第一天相差的天数能被 7 整除,也就是说,这两天相差为几个整星期。又如,二月和三月一般都是相关月,因为二月有 28 天,能被 7 整除,也恰好为 4 个星期。而在闰年,一月和二月的相关月与它们在平年的相关月是不同的,因为二月有 29 天,其后每个月份的第一天星期数都推后了一天。

关于输入

输入的第一行为整数 $n(n\leqslant 200)$。

其后 n 行,每行三个整数,依次为一个年份和两个月份,整数之间用一个空格分隔。

关于输出

输出有 n 行,对应于每个输入的年份和相应两个月份。

如果这两个月份是相关的,则输出 YES。

否则,输出 NO。

例子输入

```
5
1994  10  9
1935  12  1
1957  1   9
1917  9   12
1948  1   4
```

例子输出

```
NO
NO
NO
YES
YES
```

提示

此题目编程中可以不用数组,可在循环中每读入一组数据,输出一次相应的结果。

解题思路

对于两个月份值 $m1$ 和 $m2$,不妨设 $m1<m2$,则 $m1$ 与 $m2$ 为相关月,当且仅当 $m1\sim m2-1$ 各月份天数之和能被 7 整除。如果 $m1\sim m2-1$ 包括二月,还要在年份是闰年时多计算 1 天。

程序 10-5

```c
1.  #include <stdio.h>
2.
3.  int main()
4.  {
5.      /*定义数组,记录每个月份有多少天*/
6.      int days[]={0, 31, 28, 31, 30, 31, 30,
7.                  31, 31, 30, 31, 30, 31};
8.
9.      int i, j, n, y, m1, m2, c;
10.     scanf("%d", &n);
11.
12.     for (i=0; i<n; i++) {
13.         c=0;
14.         scanf("%d%d%d", &y, &m1, &m2);      /*输入一组数据*/
15.
16.         if (m1>m2) {                         /*交换,保证 m1<m2*/
17.             j=m1;
18.             m1=m2;
19.             m2=j;
20.         }
21.
```

```
22.        for (j=m1; j<m2; j++) {              /* 累加为 m1~m2-1 各月天数 */
23.            c +=days[j];
24.            if ((j==2) &&                    /* 闰年的二月要多加一天 */
25.                (((y%4==0) && (y%100 !=0))||(y%400==0))) {
26.                c++;
27.            }
28.        }
29.
30.        if (c%7==0)                          /* c 被 7 整除时, m1 和 m2 是相关月 */
31.            printf("YES\n");
32.        else
33.            printf("NO\n");
34.    }
35.
36.    return 0;
37. }
```

程序说明

程序第 6～第 7 行定义数组记录每月的天数。程序第 16～第 20 行用于保证 $m1$ 比 $m2$ 小,便于处理程序第 22～第 28 行中的循环。该循环把 $m1$~$m2-1$ 个月份的天数累加到变量 c 中,当闰年的二月包含在 $m1$~$m2-1$ 之间时,变量 c 的值应该再加 1。最后,如果 c 能被 7 整除,则 $m1$ 和 $m2$ 是相关月。注意,程序第 13 行在每次循环开始时把 c 初始化为 0,保证各次循环计算之间不相互影响。

习 题

(请登录 PG 的开放课程完成习题)

10-1 日历问题

在现在使用的日历中,闰年被定义为能被 4 整除的年份,但是能被 100 整除而不能被 400 整除的年是例外,它们不是闰年。例如,1700、1800、1900 和 2100 不是闰年,而 1600、2000 和 2400 是闰年。给定从公元 2000 年 1 月 1 日开始逝去得天数,你的任务是给出这一天是哪年哪月哪日星期几。

10-2 计算两个日期之间的天数

给定两个年月日,计算之间的天数。比如 2010-1-1 和 2010-1-3 之间差 2 天。

10-3 不吉利日期

在国外,每月的 13 号和每周的星期 5 都是不吉利的。特别是当 13 号那天恰好是星期 5 时,更不吉利。已知某年的一月一日是星期 w,并且这一年一定不是闰年,求出这一年所有 13 号那天是星期 5 的月份,按从小到大的顺序输出月份数字。($w=1..7$)

10-4 Tomorrow never knows?

甲壳虫的 *A day in the life* 和 *Tomorrow never knows* 脍炙人口,如果告诉你 a day in the life,真的会是 tomorrow never knows,相信学了计概之后这个不会是难题,现在就来实现吧。

读入一个格式为 yyyy-mm-dd 的日期(即年-月-日),输出这个日期下一天的日期。可以假定输入的日期不早于 1600-01-01,也不晚于 2999-12-30。

10-5 打印月历

给定某年某月,打印当月的月历表。

输出为月历表。月历表第一行为星期表头,如下所示:

Sun Mon Tue Wed Thu Fri Sat

其余各行依次是当月各天的日期,为 1 日～31 日(30 日或 28 日)。

日期数字应与星期表头对齐,即各位数与星期表头相应缩写的最后一个字母对齐。

日期中间用空格分隔出空白。

10-6 特殊日历计算

有一种特殊的日历法,它的一天和我们现在用的日历法的一天是一样长的。它每天有 10 个小时,每个小时有 100 分钟,每分钟有 100 秒。10 天算一周,10 周算一个月,10 个月算一年。现在要你编写一个程序,将我们常用的日历法的日期转换成这种特殊的日历表示法。这种日历法的时、分、秒是从 0 开始计数的。日、月从 1 开始计数,年从 0 开始计数。秒数为整数。假设 0:0:0 1.1.2000 等同于特殊日历法的 0:0:0 1.1.0。

10-7 玛雅历

上周末,M.A 教授对古老的玛雅有了一个重大发现。从一个古老的节绳(玛雅人用于记事的工具)中,教授发现玛雅人使用了一个一年有 365 的叫做 Haab 的日历。这个 Haab 日历拥有 19 个月,在开始的 18 个月,一个月有 20 天,这些月的名字分别是 pop、no、zip、zotz、tzec、xul、yoxkin、mol、chen、yax、zac、ceh、mac、kankin、muan、pax、koyab、cumhu。这些月份中的日期用 0～19 表示。Haab 历的最后一个月叫做 uayet,它只有 5 天,用 0～4 表示。玛雅人认为这个日期最少的月份是不吉利的,在这个月法庭不开庭,人们不从事交易,甚至没有人打扫屋中的走廊。

因为宗教的原因,还玛雅人使用了另一个日历,在这个日历中年被称为 Tzolkin(holly 年),一年被分成 13 个不同的时期,每个时期 20 天长,每一天用一个数字和一个单词相组合的形式来表示。使用了 20 个单词:imix、ik、akbal、kan、chicchan、cimi、manik、lamat、muluk、ok、chuen、eb、ben、ix、mem、cib、caban、eznab、canac、ahau,和 13 个数字 1～13。

注意:年中的每一天都有着明确的描述,比如,在一年的开始,日期如下描述:

1 imix、2 ik、3 akbal、4 kan、5 chicchan、6 cimi、7 manik、8 lamat、9 muluk、10 ok、11 chuen、12 eb、13 ben、1 ix、2 mem、3 cib、4 caban、5 eznab、6 canac、7 ahau,and again in the next period 8 imix、9 ik、10 akbal…

Haab 历和 Tzolkin 历中的年都被数字 0,1,…表示,数字 0 表示世界的开始。所以第一天被表示成:

Haab: 0. pop 0

Tzolkin: 1 imix 0

请帮助 M. A. 教授,为他写一个程序可以把 Haab 历转化成 Tzolkin 历。

第 11 章

数组应用

本章进一步介绍数组应用的相关问题,包括数组访问的边界条件,数组循环访问等问题。

11.1 求均方差

问题描述

在临床实验结果分析中,均方差是一个常用的分析指标。求均方差 S 的公式如下(假设有 n 个数,$x[i]$ 为其第 i 个数):

$$S = \sqrt{\frac{\sum_{i=1}^{n}(x_i - a)^2}{n}}, \quad \text{其中} \quad a = \frac{\sum_{i=1}^{n} x_i}{n}$$

关于输入

输入的第一行是一个整数 k,表示后面将有 k 组数据。每组数据有两行,第一行为一个整数 $n(1 \leqslant n \leqslant 100)$ 表示本组数据将有 n 个浮点数,第二行是 n 个浮点数 $x[i](0 \leqslant x[i] \leqslant 1000)$,相互之间用一个空格分隔。

关于输出

对于每组数据,以精确到小数点后 5 位的精度输出其均方差。每个均方差应单独占一行。

可使用 printf("%.5f\n", S) 输出每个均方差。

例子输入

```
2
3
1.0 2.0 3.0
4
2.0 4.0 6.0 8.0
```

例子输出

```
0.81650
2.23607
```

提示

读入双精度浮点数(double)必须用%lf。

解题思路

求均方差首先要求得均值。可以把所有的数据都读入数组暂存,然后求得数据之和,进而求得均值,再根据均方差的公式求出均方差。

程序 11-1

```
1.  #include <stdio.h>
2.  #include <math.h>
3.
4.  #define MAX 100                                 /* n 的最大取值 */
5.
6.  int main()
7.  {
8.      int i, j, k, n;
9.      double a[MAX], sum, avg, s;
10.
11.     scanf("%d", &k);                            /* 读入数据组数 */
12.     for (j=0; j<k; j++) {                       /* 对 k 组数据循环 */
13.         scanf("%d", &n);                        /* 读入该组数据的浮点数数量 */
14.         sum=0;                                  /* 求和,初值为 0 */
15.         for (i=0; i<n; i++) {
16.             scanf("%lf", &a[i]);                /* 读入浮点数到数组中 */
17.             sum+=a[i];                          /* 累加浮点数到变量 sum */
18.         }
19.         avg=sum/n;                              /* 计算均值 */
20.
21.         sum=0;                                  /* 求平方和,初值为 0 */
22.         for (i=0; i<n; i++) {
23.             sum += (a[i]-avg) * (a[i]-avg);     /* 累加平方到变量 sum */
24.         }
25.         s=sqrt(sum/n);                          /* 计算均方差 */
26.         printf("%.5f\n", s);                    /* 输出均方差的值 */
27.     }
28.
29.     return 0;
30. }
```

程序说明

程序第 9 行中定义了一个浮点数组 a,用于暂存读入的浮点数。程序第 12~第 27 行循环处理 k 组数据,对于每组数据,求出其均方差。程序第 14~第 18 行的循环把浮点数读入到数组 a,并累加计算出所有浮点数的和,进而程序第 19 行计算出数据的均值。

程序第 21~第 24 行的循环把每个浮点数与均值之差的平方累加起来,用于在程序第 25 行根据定义求出均方差的值。

11.2 打印极值点下标

问题描述

在一个整数数组上,对于下标为 i 的整数,如果它大于所有与它相邻的整数,或者小于所有与它相邻的整数,则称为该整数为一个极值点,极值点的下标就是 i。

关于输入

有 $2 \times m + 1$ 行输入:第一行是要处理的数组的个数 m;对其余 $2 \times m$ 行,第一行是此数组的元素个数 $n(4 < n < 80)$,第二行是 n 个整数,每两个整数之间用空格分隔。

关于输出

输出为 m 行:每行对应于相应数组的所有极值点下标值,下标值之间用空格分隔。

例子输入

```
3
10
10  12  12  11  11  12  23  24  12  12
15
12  12  122  112  222  211  222  221  76  36  31  234  256  76  76
15
12  14  122  112  222  222  222  221  76  36  31  234  256  76  73
```

例子输出

```
0  7
2  3  4  5  6  10  12
0  2  3  10  12  14
```

解题思路 1

根据题意,如果数组中某个元素与其相邻元素的值相等,则该位置就不会是极值点。因此判断极值点可以用当前元素与其前后相邻元素的差值是否正负符号相同来判断。但对于数组中的首元素(尾元素),因为其前(后)无相邻元素,根据题意,只要首元素(尾元素)的值与其后(前)的元素值不同,它就是一个极值点。因此程序需要对首(尾)极值点和内部极值点分别处理判断。

程序 11-2-1

```
1.  #include <stdio.h>
2.
3.  #define MAX 80                          /*n的最大取值*/
4.
5.  int main()
6.  {
7.      int i, j, m, n;                     /*循环相关变量*/
8.      int a[MAX];                         /*数组*/
9.      int found;                          /*计数找到的极值点个数*/
10.
```

```
11.      scanf("%d", &m);                            /*共m组数据*/
12.      for (i=0; i<m; i++) {
13.          scanf("%d", &n);                        /*每组数据n个整数*/
14.          for (j=0; j<n; j++) {
15.              scanf("%d", &a[j]);                 /*读入n个整数到数组a中*/
16.          }
17.          found=0;                                /*初始化极值点计数值为0*/
18.
19.          if (a[0] !=a[1]) {                      /*判断首元素是否为极值点*/
20.              printf("%d", 0);
21.              found++;
22.          }
23.
24.          for (j=1; j<n-1; j++) {                 /*判断内部元素是否为极值点*/
25.              /*与前后元素的差值之积大于0,表明两个差值正负符号相同*/
26.              if ((a[j]-a[j-1]) * (a[j]-a[j+1])>0) {
27.                  if (found++) {                  /*用found来控制空格的输出*/
28.                      printf(" ");                /*首个极值点前不输出空格*/
29.                  }
30.                  printf("%d", j);
31.              }
32.          }
33.
34.          if (a[n-1] !=a[n-2]) {                  /*判断尾元素是否为极值点*/
35.              if (found++) {                      /*用found来控制空格的输出*/
36.                  printf(" ");                    /*首个极值点前不输出空格*/
37.              }
38.              printf("%d", n-1);
39.          }
40.
41.          printf("\n");                           /*最后输出换行*/
42.      }
43.
44.      return 0;
45.  }
```

程序说明

程序第19～第22行和第34～第39行分别对首元素和尾元素是否为极值点做特殊判断,这样就能保证第26行计算数组元素与前后两个元素的差值时不会产生数组越界访问的问题。为了控制每两个输出的整数之间有一个空格,使用found变量记录已经找到的极值点的个数,保证除了首个极值点外,其余每个极值点在输出前都添加一个空格(程序第27～第29行和第35～第37行)。

解题思路2

为了使判断过程更为简单,可以在首元素(尾元素)的前(后)补一个元素,所补元素的值就选其后(前)相邻元素,这样对首元素(尾元素)的极值点判断方法就和内部极值点的判断方法一致了。

程序 11-2-2

```
1.   #include <stdio.h>
2.
3.   #define MAX 82                              /* n的最大取值加 2 */
4.
5.   int main()
6.   {
7.       int i, j, m, n;                         /* 循环相关变量 */
8.       int a[MAX];                             /* 数组 */
9.       int found;                              /* 计数找到的极值点个数 */
10.
11.      scanf("%d", &m);                        /* 共 m 组数据 */
12.      for (i=0; i<m; i++) {
13.          scanf("%d", &n);                    /* 每组数据n个整数 */
14.          for (j=1; j<=n; j++) {              /* 留出首尾元素 */
15.              scanf("%d", &a[j]);             /* 读入n个整数到数组a中 */
16.          }
17.          found=0;                            /* 初始化极值点计数值为0 */
18.
19.          /* 为避免特殊处理边界情况,在首尾分别补上两个数 */
20.          a[0]=a[2];
21.          a[n+1]=a[n-1];
22.
23.          for (j=1; j<=n; j++) {              /* 判断内部元素是否为极值点 */
24.              /* 与前后元素的差值之积大于0,表明两个差值正负符号相同 */
25.              if ((a[j]-a[j-1]) * (a[j]-a[j+1])>0) {
26.                  if (found++) {              /* 用 found 来控制空格的输出 */
27.                      printf(" ");            /* 首个极值点前不输出空格 */
28.                  }
29.                  printf("%d", j-1);          /* 下标值比要求的输出的值多 1 */
30.              }
31.          }
32.          printf("\n");                       /* 最后输出换行 */
33.      }
34.
35.      return 0;
36.  }
```

程序说明

程序第 8 行定义的数组 a 大小比所要求的最大整数数量多 2,以便在数组前后预留出两个位置,在程序第 20 和第 21 行中把这两个位置填补上恰当的值,使得对数组上极值点的判断可由程序第 23～第 31 行的循环统一完成。需要注意的是,题目中要求输出的是原始数组的下标,而数据在 a 数组中的下标比原始数组中的下标值多 1,因此在程序第 29 行输出时,需要减去 1。

11.3 循环移动

问题描述

给定一组整数,要求利用数组把这组数保存起来,然后实现对数组的循环移动。假定共有 n 个整数,则要使前面各数顺序向后移 m 个位置,并使最后 m 个数变为最前面的 m 个数($m<n$)。注意,不要用先输出后 m 个数,再输出前 $n-m$ 个数的方法实现,也不要用两个数组的方式实现。

要求只用一个数组的方式实现,一定要保证在输出结果时,输出的顺序和数组中数的顺序是一致的。

在学习完指针后,再用动态数组及指针方式实现对数组的循环移动。

关于输入

输入有两行:第一行包含一个正整数 $n(n \leqslant 100)$ 和一个正整数 m;第二行包含 n 个正整数。每两个正整数中间用一个空格分开。

关于输出

输出有一行:经过循环移动后数组中整数的顺序依次输出,每两个整数之间用空格分隔。

例子输入

11 4
15 3 76 67 84 87 13 67 45 34 45

例子输出

67 45 34 45 15 3 76 67 84 87 13

提示

循环移动结果如图 11-1 所示。

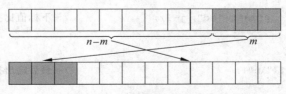

图 11-1 循环移动的结果示意

解题思路 1

注意此题目要求对数组进行操作。那些通过循环控制,利用原始数组输出循环移动后结果的程序,虽然能够产生满足本题意要求的输出,但并没有完成本题所要求的对原始数组内容上的循环移动,因此不能算是正确的程序。

完成数组的 m 循环移动其实非常简单。设数组的长度为 n,利用临时变量把尾元素(第 $n-1$ 个元素)的值暂存起来,然后把第 $n-2$ 个元素的值赋给尾元素(第 $n-1$ 个元素),

第 $n-3$ 个元素的值赋给第 $n-2$ 个元素，依此类推，直到把第 0 个元素的值赋给第 1 个元素，最后再把临时变量中暂存的原尾元素的值赋给第 0 个元素，即完成了一次循环移动。重复上述过程 m 次，即可完成 m 循环移动。

另外，如果 m 的值比 n 大，则 m 循环移动等价于 $m\%n$ 循环移动，因为 n 循环移动相当于没有移动。

程序 11-3-1

```
1.  #include <stdio.h>
2.
3.  #define MAX    100                      /*数组长度 n 的最大值*/
4.
5.  int main()
6.  {
7.      int a[MAX];                         /*数组变量*/
8.      int t;                              /*临时变量*/
9.      int n, m, i, j;                     /*循环相关变量*/
10.
11.     scanf("%d%d", &n, &m);              /*读入 n 和 m 的值*/
12.     for (i=0; i<n; i++) {               /*读入 n 个整数存放到数组 a 中*/
13.         scanf("%d", &a[i]);
14.     }
15.
16.     m%=n;                               /*m 循环移动与 m%n 循环移动等价*/
17.     for (j=0; j<m; j++) {               /*做 m 次循环移动*/
18.         t=a[n-1];                       /*暂存尾元素值*/
19.         for (i=n-1; i>0; i--) {         /*从尾到头*/
20.             a[i]=a[i-1];                /*把每个元素的值向后移动一个位置*/
21.         }
22.         a[0]=t;                         /*最后把原尾元素的值放到数组头*/
23.     }
24.
25.     printf("%d", a[0]);                 /*第一个整数前没有空格*/
26.     for (i=1; i<n; i++) {
27.         printf(" %d", a[i]);            /*其余整数前都有一个空格*/
28.     }
29.
30.     return 0;
31. }
```

程序说明

该程序采用 m 次循环移动完成 m 循环移动。程序第 16 行把 m 的值转换为 $m\%n$，因为二者的循环移动结果一致，同时，这样可以保证 m 的值始终比 n 小，避免不必要的循环移动。

程序第 17～第 23 行完成 m 次循环，每次做一次整个数组的循环移动。程序第 25 行单独处理第一个整数的输出,这样后面每个整数的前面都可以输出一个空格(程序第 26～第 28 行)。

解题思路 2

采用 m 次循环移动完成 m 循环移动的程序虽然简单,但当 m 较大时,效率很差。事实上,如果采用每次把数组中最后一个未被移动过的元素(假设是第 k 个元素)的值暂存到临时变量,把第 $(k-m)$ mod n 个元素的值赋给第 k 个元素,把第 $(k-2m)$ mod n 个元素的值赋给第 $(k-m)$ mod n 个元素,直到循环回到要把第 k 个元素值赋给第 $(k+m)$ mod n 个元素时,把暂存在临时变量中的值赋给第 $(k+m)$ mod n 个元素,并检查是否已经移动过了 n 个元素,如果已经完成了 n 个元素的移动,则 m 循环移动结束,否则继续上述过程。这种方法可以保证对每个元素只移动一次。

程序 11-3-2

```
1.    #include <stdio.h>
2.
3.    #define MAX    100              /* 数组长度 n 的最大值 */
4.
5.    int main()
6.    {
7.        int a[MAX];                 /* 数组变量 */
8.        int t;                      /* 临时变量 */
9.        int n, m, i, j, k, c;       /* 循环相关变量 */
10.
11.       scanf("%d%d", &n, &m);      /* 读入 n 和 m 的值 */
12.       for (i=0; i<n; i++) {       /* 读入 n 个整数存放到数组 a 中 */
13.           scanf("%d", &a[i]);
14.       }
15.
16.       m %=n;                      /* m 循环移动与 m%n 循环移动等价 */
17.       k=n-1;                      /* k 从最后一个还未被移动的元素开始 */
18.       for (c=0; c<n; c++) {       /* 做 n 次移动 */
19.           t=a[k];                 /* 暂存第 k 个元素的值 */
20.
21.           /* 循环,把第 i 个元素的值赋给第 j 个元素,直到 i==k 为止 */
22.           j=k;                    /* j 的初值为 k */
23.           i=(n+j-m)%n;            /* i 的初值为 j 前面相隔的第 m 个元素 */
24.           for (; i !=k; c++) {    /* 到 i==k 为止,每次移动一个元素 */
25.               a[j]=a[i];          /* 直接把元素向后移动 m 个位置 */
26.               j=i;                /* j 继承前一个 i 的值 */
27.               i= (n+j-m)%n;       /* i 变为 j 前面相隔的第 m 个元素 */
28.           }
29.           a[j]=t;                 /* 最后把原第 k 个元素的值放到 j 上 */
30.           k--;                    /* 更新 k 为最后一个未被移动过的元素 */
31.       }
32.
33.       printf("%d", a[0]);         /* 第一个整数前没有空格 */
```

```
34.     for (i=1; i<n; i++) {
35.         printf(" %d", a[i]);          /*其余整数前都有一个空格*/
36.     }
37.
38.     return 0;
39. }
```

程序说明

该程序对数组中的每个元素只移动一次,是一个效率非常高的 m 循环移动程序。程序中用计数器变量 c 记录已经移动过多少个数组元素。当移动数组元素的个数 c 满 n 时,程序第 18~第 31 行的循环结束,m 循环移动完成。循环中,每次把 k 指向数组中最后一个还未被移动过的元素,第一个这样的元素就是 $n-1$。一次循环完成后,如果 c 仍然比 n 小,则此时最后一个还未被移动过的元素恰好是 $k-1$。每一次循环中,要移动一批数组元素,它们都是与 k 间隔为 m 的整倍数的元素,元素下标值超出范围时,除 n 求余后把下标调整到数组内。

11.4 数字 7 游戏(演节目)

问题描述

元旦晚会上,有 n 个学生围坐成一圈,开始玩一种数字 7 游戏。围坐成一圈的学生按顺时针顺序编号,第一个学生的编号为 1,最后一个学生的编号为 n。第一个学生从 1 开始报数,按顺时针方向,下一个学生接着报下一个数。每当有学生报出来的数是 7 的倍数,或者是一个含有数字 7 的数时,则该学生出列退出游戏,下一个学生接着报下一个数。当剩下最后一个学生时,这个学生要为大家表演一个节目。

关于输入

输入仅一个整数 $n(n \leqslant 100)$,学生人数。

关于输出

按学生退出游戏的顺序输出学生的编号,每行一个编号。

例子输入

5

例子输出

2
5
4
3
1

解题思路 1

这个过程可以借助数组来模拟。用数组记录所有学生的编号,每当所报数字与 7 相关时,通过把数组元素值清零的方式让学生出列。报数循环遍历数组时,忽略所有零值元素。循环遍历数组可以通过 $i=(i+1)\%n$ 实现,其中 n 是学生总数(即数组长度)。但这个方法的缺点是,当很多学生都已出列后,数组中绝大多数元素都是零值元素,这使得报数时需要略过大量零值元素,算法效率不高。

程序 11-4-1

```
1.  #include <stdio.h>
2.
3.  #define MAX     100                         /*学生人数最大值*/
4.
5.  /***
6.   * 函数 seven_related: 判断 n 是否和 7 相关的数
7.   */
8.  int seven_related(int n) {
9.      int j;
10.     if (n%7==0) {                           /*能被 7 整除的数与 7 相关*/
11.         return 1;
12.     }
13.     for (j=n; j>0; j/=10) {                 /*依次检查个、十、百、…位*/
14.         if (j%10==7) {                      /*含有数字 7 的数与 7 相关*/
15.             return 1;
16.         }
17.     }
18.     return 0;                               /*否则,n 与 7 无关*/
19. }
20.
21. int main()
22. {
23.     int students[MAX];                      /*存放学生的编号*/
24.     int i, n, p, k;
25.
26.     /*读入学生人数 n,并把 students 数组初始化为每个学生的编号*/
27.     scanf("%d", &n);
28.     for (i=0; i<n; i++) {
29.         students[i]=i+1;
30.     }
31.
32.     p=0;                                    /*第一个报数的学生是 students[p]*/
33.     for (i=1, k=0; ; i++) {                 /*k 记录出列的学生数,i 为报数*/
34.         if (seven_related(i)) {             /*调用函数判断数 i 是否与 7 相关*/
35.             printf("%d\n", students[p]);    /*输出报数 i 的学生的编号*/
36.             students[p]=0;                  /*把出列的学生排除在环外*/
37.             if (++k==n) {                   /*多了一个出列的学生*/
38.                 break;                      /*都出列时中断循环,程序结束*/
39.             }
40.         }
```

```
41.         do {
42.             p=(p+1)%n;                    /*循环遍历数组*/
43.         } while (students[p]==0);         /*找到下一个报数的学生*/
44.     }
45.
46.     return 0;
47. }
```

程序说明

该程序采用最简单的思路模拟游戏过程(当然程序本身并不是那么简单)。程序第 8~第 19 行的 seven_related 函数用于判断一个整数是否与 7 相关。其中第 13~第 17 行的部分用循环判断整数的各个位数上数字是否为 7。

程序第 27~第 30 行学生的编号被按顺序放入 students 数组。变量 p 用于指向下一个报数学生编号的数组下标。变量 i 用于记录下一次报数的数值。变量 k 用于记录出列学生的人数。程序第 33 行的 for 循环作用于变量报数值 i,其循环终止条件为空,表示为一个无限循环,即 for 循环不会因为循环条件不满足而终止。当然这个循环并非真是死循环,因为程序第 37~第 39 行,当有任何一个学生出列时,变量 k 的值会自加 1。当所有学生都出列时,k 的值最终会等于 n,从而执行第 38 行的 break 语句,终止整个 for 循环。

程序第 34 行判断报数值 i 是否与 7 相关,如果相关,则输出该学生的编号,同时通过把该编号清零的方式让该学生出列。相应地,程序第 37 行会把出列学生计数值 k 加 1。这里,++k 表示先把 k 的值加一后得到 k 的值作为表达式的值,因此当 k 的值增加到 n 时,if 语句的条件刚好成立,从而执行 break 语句。程序第 41~第 43 行用于寻找报下一个数的学生的数组下标,它略过所有被标记为零的数组元素(已经出列的学生)。程序第 42 行保证 p 的值始终在数组范围内。

每次循环开始前,变量 p 指向下一个要报数学生的下标,变量 i 为下一个要报的数,直到循环终止。

解题思路 2

为了提高算法效率,可以采用类似链表的数组来模拟。这里每个学生的编号直接对应于数组的下标,数组元素的值是还未出列的下一个学生的编号,编号与下标相连形成一个环。报数时在这个环上进行,当遇到与 7 相关的数时,因为要出列的学生编号存放在上一位学生对应的数组元素中,因此只要把这个数组元素的值更新为要出列学生下一个学生的编号即可。学生出列后,未出列的学生仍然构成一个环,直到最后一个学生出列。因为学生出列要操作的是上一个学生对应的数组元素,因此在循环遍历环时,要始终记住上一个学生的下标,而不是报数学生的下标。采用这种方法改造后,每报一个数,只需要访问一个数组元素,效率得到很大提高。

程序 11-4-2

```
1.  #include <stdio.h>
2.
3.  #define MAX    100                       /*学生人数最大值*/
```

```
4.
5.   /***
6.    * 函数 seven_related: 判断 n 是否和 7 相关的数
7.    */
8.   int seven_related(int n) {
9.       int j;
10.      if (n%7==0) {                          /*能被 7 整除的数与 7 相关*/
11.          return 1;
12.      }
13.      for (j=n; j>0; j/=10) {                /*依次检查个、十、百、…位*/
14.          if (j%10==7) {                     /*含有数字 7 的数与 7 相关*/
15.              return 1;
16.          }
17.      }
18.      return 0;                              /*否则,n 与 7 无关*/
19.  }
20.
21.  int main()
22.  {
23.      int next[MAX+1];                       /*存放下一个未出列学生的编号*/
24.      int i, n, p;
25.
26.      /*读入学生人数 n,并把 next 数组初始化为指向下一个学生的编号*/
27.      scanf("%d", &n);
28.      for (i=1; i<n; i++) {                  /*数组下标从 1 开始,忽略位置 0*/
29.          next[i]=i+1;                       /*每个位置指向下一个学生*/
30.      }
31.      next[n]=1;                             /*末尾指向第一个学生,形成环*/
32.
33.      p=n;                                   /*next[p]中存放将报数 i 的学生编号*/
34.      for (i=1; n>0; i++) {                  /*直到所有的人出列前,i 每次加 1*/
35.          if (seven_related(i)) {            /*调用函数判断数 i 是否与 7 相关*/
36.              printf("%d\n", next[p]);       /*输出报数 i 的学生的编号*/
37.              next[p]=next[next[p]];         /*把出列的学生排除在环外*/
38.              --n;                           /*环内未出列的学生人数少 1*/
39.          }
40.          else {
41.              p=next[p];                     /*next[p]指向报下一个数的学生编号*/
42.          }
43.      }
44.
45.      return 0;
46.  }
```

程序说明

该程序采用了改进的模拟过程，数组中虽然也是记录的学生编号，但对应每个学生编号位置的数组元素记录的都是下一个未出列学生的编号，使得数组和数组元素的数值构成一个封闭的环。为了让学生编号直接作为数组下标，程序定义的数组比原来多了一个元素，从而可以空出位置 0 的元素不使用。程序第 28～第 31 行把下一个学生的编号记录在数组中，最后一个学生的下一位学生编号是 1，恰好构成一个环，把所有的学生包括在环中。

变量 p 指向的是环中下一个要报数学生的前一个学生，数组位置 p 处记录（next[p]）的恰好是下一个要报数学生的编号。第一个要报数的学生编号为 1，因此 p 的初值是 n，如程序第 33 行所示。变量 i 记录下一个要报的数。

程序第 34～第 43 行的循环遍历每一个要报的数，利用变量 n 值大于 0 作为循环条件。变量 n 在程序第 38 行当有学生出列时减 1。程序第 35 行调用 seven_related 函数判断 i 是否为与 7 相关的数，如果是，输出学生编号 next[p]，并且要让编号为 next[p] 的学生出列。程序第 37 行把编号 next[next[p]] 赋给 next[p]，也就是把下一个学生的编号记录下来，恰好略过当前报数的学生。如果 i 与 7 无关，则把 next[p] 的值赋给 p，p 在下一次循环开始前就又指向的下一个要报数学生的前一个学生。

该程序查找下一个学生的操作比改进前的程序效率要高很多，因此整体效率更好。

11.5 异常细胞检测

问题描述

我们拍摄的一张 CT 照片用一个二维数组来存储，假设数组中的每个点代表一个细胞。每个细胞的颜色用 0～255 之间（包括 0 和 255）的一个整数表示。我们定义一个细胞是异常细胞，如果这个细胞的颜色值比它上下左右 4 个细胞的颜色值都小 50 以上（包括 50）。数组边缘上的细胞不检测。现在的任务是，给定一个存储 CT 照片的二维数组，写程序统计照片中异常细胞的数目。

关于输入

第一行包含一个整数 N（$100 \geqslant N > 2$）；

下面有 N 行，每行有 N 个 0～255 之间的整数，整数之间用空格隔开。

关于输出

输出只有一行，包含一个整数，为异常细胞的数目。

例子输入

```
4
70 70 70 70
70 10 70 70
70 70 20 70
70 70 70 70
```

例子输出

2

解题思路

因为只需要检查不在图像边界处的细胞,因此在对比上下左右细胞颜色差值时,不用考虑数组访问越界问题。

程序 11-5

```c
1.  #include <stdio.h>
2.
3.  #define MAX    100                          /*最大图像长宽*/
4.
5.  int main()
6.  {
7.      int a[MAX][MAX];                        /*图像二维数组*/
8.      int cnt=0;                              /*计数异常细胞数量,初值为 0*/
9.      int n, i, j;                            /*循环相关变量*/
10.
11.     /*读入 CT 图像二维数组*/
12.     scanf("%d", &n);
13.     for (i=0; i<n; i++) {
14.         for (j=0; j<n; j++) {
15.             scanf("%d", &a[i][j]);
16.         }
17.     }
18.
19.     /*二重循环,检查所有非边界细胞*/
20.     for (i=1; i<n-1; i++){
21.         for (j=1; j<n-1; j++) {
22.             /*检查该细胞颜色值是否比上下左右的四个细胞的都大 50*/
23.             if (a[i-1][j]-a[i][j]>=50 &&
24.                 a[i][j-1]-a[i][j]>=50 &&
25.                 a[i+1][j]-a[i][j]>=50 &&
26.                 a[i][j+1]-a[i][j]>=50) {
27.                 cnt++;                      /*是异常细胞,计数值加 1*/
28.             }
29.         }
30.     }
31.
32.     printf("%d", cnt);                      /*输出异常细胞数量*/
33.
34.     return 0;
35. }
```

程序说明

程序第 20~第 30 行的二重循环的循环变量 i 和 j 的值都是 1~$n-2$,恰好略过所有的边界元素,保证第 23~第 26 行对上下左右元素的访问均不会越界。

11.6 寻找山顶

问题描述

在一个 $m \times n$ 的山地上,已知每个地块的平均高程,请求出所有山顶所在的地块(所谓山顶,就是其地块平均高程不比其上下左右相邻的四个地块每个地块的平均高程小的地方)。

关于输入

第一行是两个整数,表示山地的长 $m(5 \leqslant m \leqslant 20)$ 和宽 $n(5 \leqslant n \leqslant 20)$。

其后 m 行为一个 $m \times n$ 的整数矩阵,表示每个地块的平均高程。每行的整数间用一个空格分隔。

关于输出

输出所有山顶所在地块的位置。每行一个。按先 m 值从小到大,再 n 值从小到大的顺序输出。

例子输入

```
10   5
0    76   81   34   66
1    13   58   4    40
5    24   17   6    65
13   13   76   3    20
8    36   12   60   37
42   53   87   10   65
42   25   47   41   33
71   69   94   24   12
92   11   71   3    82
91   90   20   95   44
```

例子输出

```
0 2
0 4
2 1
2 4
3 0
3 2
4 3
5 2
5 4
7 2
8 0
8 4
9 3
```

解题思路

要检查山顶,只要检查当前元素是否大于等于其上下左右位置的值。当使用数组存放地块位置高程时,要解决的问题是,当山顶在地块边缘时,上下左右总会有位置在数组之外,需要很复杂的判断逻辑。一种可行的解决方法是,建立一个比地块大一圈的二维数组,地块外缘一圈数组元素的值设置为 0,比任何地块的高度都要小,这时再比较上下左右时,对应位置的元素位置均是有效的,就不需要复杂的边界条件判断逻辑了。

程序 11-6

```
1.  #include <stdio.h>
2.
3.  #define MAX      20                       /*山地最大长宽值*/
4.
5.  int main()
6.  {
7.      int a[MAX+2][MAX+2]={0};              /*定义一个比地块大一圈的二维数组*/
8.      int m, n, i, j;
9.
10.     scanf("%d%d", &m, &n);
11.
12.     /*数组内部元素值对应于相应地块位置的高度*/
13.     for (i=1; i<=m; i++) {
14.         for (j=1; j<=n; j++) {
15.             scanf("%d", &a[i][j]);
16.         }
17.     }
18.
19.     /*遍历每一个地块位置,判断它的高度是否大于等于上下左右 4 个位置的值*/
20.     for (i=1; i<=m; i++) {
21.         for (j=1; j<=n; j++) {
22.             if (a[i][j]>=a[i-1][j] && a[i][j]>=a[i+1][j] &&
23.                 a[i][j]>=a[i][j-1] && a[i][j]>=a[i][j+1]) {
24.                 printf("%d %d\n", i-1, j-1);       /*找到山顶,输出*/
25.             }
26.         }
27.     }
28.
29.     return 0;
30. }
```

程序说明

程序第 7 行定义的数组比地块大一圈,保证对上下左右位置的访问均不越界。

11.7 肿瘤检测

问题描述

一张 CT 扫描的灰度图像可以用一个 $N×N(0<N<100)$ 的矩阵描述,矩阵上的每个点对应一个灰度值(整数),其取值范围是 0~255。假设给定的图像中有且只有一个肿瘤。在图上监测肿瘤的方法如下:如果某个点对应的灰度值小于等于 50,则这个点在肿瘤上,否

则不在肿瘤上。把在肿瘤上的点的数目加起来,就得到了肿瘤在图上的面积。任何在肿瘤上的点,如果它是图像的边界或者它的上下左右 4 个相邻点中至少有一个是非肿瘤上的点,则该点称为肿瘤的边界点。肿瘤的边界点的个数称为肿瘤的周长。现在给定一个图像,要求计算其中的肿瘤的面积和周长。

关于输入

输入第一行包含一个正整数 $N(0<N<100)$,表示图像的大小;接下来 N 行,每行包含图像的一行。图像的一行用 N 个整数表示(所有整数大于等于 0,小于等于 255),两个整数之间用一个空格隔开。

关于输出

输出只有一行,该行包含两个正整数,分别为给定图像中肿瘤的面积和周长,用一个空格分开。

例子输入

```
6
99 99 99 99 99 99
99 99 99 50 99 99
99 99 49 49 50 51
99 50 20 25 52 99
40 50 99 99 99 99
99 99 99 99 99 99
```

例子输出

```
9 8
```

解题思路

为了避免烦琐的图像边界判断,可以在图像的四周加上一层"保护层",保护层具有和"非肿瘤"一样的性质:即数组元素的值大于 50。这样就可以毫无顾忌地用检查相邻像素的方法判断肿瘤边界了。

程序 11-7

```
1.   #include <stdio.h>
2.
3.   #define MAX     100              /* 最大图像边长 */
4.
5.   int main()
6.   {
7.       int img[MAX+2][MAX+2];       /* 定义比图像大一圈的数组 */
8.       int s=0, l=0;                /* 面积及边长变量,初值为 0 */
9.       int n, i, j;                 /* 循环变量 */
10.
11.      scanf("%d", &n);             /* 读入图像大小 */
12.
13.      /* 读入图像到数组 img 中,把数组边缘留出来 */
14.      for (i=1; i<=n; i++) {
```

```
15.         for (j=1; j<=n; j++) {
16.             scanf("%d", &img[i][j]);
17.         }
18.     }
19.
20.     /*在图像四周加上一圈"保护层"*/
21.     for (i=0; i<=n+1; i++) {
22.         img[0][i]=img[n+1][i]=img[i][0]=img[i][n+1]=255;
23.     }
24.
25.     /*检查每个图像点*/
26.     for (i=1; i<=n; i++) {
27.         for (j=1; j<=n; j++) {
28.             if (img[i][j]<=50) {         /*小于等于50的都是肿瘤上的点*/
29.                 s++;                     /*肿瘤面积加1*/
30.                 if ((img[i-1][j]>50)||(img[i+1][j]>50)||
31.                     (img[i][j-1]>50)||(img[i][j+1]>50)) {
32.                     l++;                 /*如果上下左右有超过50的,则该点是边界*/
33.                 }
34.             }
35.         }
36.     }
37.
38.     printf("%d %d", s, l);               /*输出面积和周长*/
39.
40.     return 0;
41. }
```

程序说明

程序第7行定义的数组比图像最大尺寸大一圈,预留"保护层"空间便于边界判断。程序第21~第23行对保护层初始化,单一的循环变量 i 可描述对上下左右4条"保护带"的遍历。

11.8 细菌的繁殖与扩散

问题描述

在边长为9的正方形培养皿中,正中心位置有 m 个细菌。假设细菌的寿命仅一天,但每天可繁殖10个后代,而且这10个后代,有两个分布在原来的单元格中,其余的均匀分布在其四周相邻的8个单元格中。求经过 $n(1 \leqslant n \leqslant 4)$ 天后,细菌在培养皿中的分布情况。

关于输入

输入为两个整数,第一个整数 m 表示中心位置细菌的个数($2 \leqslant m \leqslant 30$),第二个整数 n 表示经过的天数($1 \leqslant n \leqslant 4$)。

关于输出

输出 9 行 9 列整数矩阵,每行的整数之间用空格分隔。整个矩阵代表 n 天后细菌在培养皿上的分布情况。

例子输入

2 1

例子输出

```
0 0 0 0 0 0 0 0 0
0 0 0 0 0 0 0 0 0
0 0 0 0 0 0 0 0 0
0 0 0 2 2 2 0 0 0
0 0 0 2 4 2 0 0 0
0 0 0 2 2 2 0 0 0
0 0 0 0 0 0 0 0 0
0 0 0 0 0 0 0 0 0
0 0 0 0 0 0 0 0 0
```

解题思路

本题的计算过程不能在原始数组上直接计算,否则会破坏原始数据。必须用两个数组,一个存放上一轮结束时的细菌分布,另一个存放本次计算结果。

程序 11-8

```
1.  #include <stdio.h>
2.  #include <memory.h>
3.
4.  #define MAX    9                    /*培养皿大小*/
5.
6.  int main()
7.  {
8.      int a[MAX][MAX]={0};            /*培养皿数组*/
9.      int b[MAX][MAX]={0};            /*辅助数组,用于计算本次结果*/
10.     int i, j, k, m, n, fx, fy;      /*循环相关变量*/
11.
12.     scanf("%d%d", &m, &n);          /*读入输入数据*/
13.     a[MAX/2][MAX/2]=m;              /*在培养皿正中放置初始细菌数量*/
14.
15.     for (k=0; k<n; k++) {           /*循环 n 次*/
16.         memset(b, 0, sizeof(b));    /*清零 b*/
17.         /*每次迭代都根据 a 的分布,将新的状态保存在 b 中*/
18.         for (i=1; i<MAX-1; i++) {
19.             for (j=1; j<MAX-1; j++) {
20.                 /*根据题目要求,本地单元格要多加一次*/
21.                 b[i][j] +=a[i][j];
22.                 /*用循环更新 9 个方位的细菌数量*/
```

```
23.            for (fx=-1; fx<=1; fx++) {
24.                for (fy=-1; fy<=1; fy++) {
25.                    b[i+fx][j+fy] +=a[i][j];
26.                }
27.            }
28.        }
29.    }
30.    /*将本次计算结果复制到 a 中,为下次迭代做好准备*/
31.    memcpy(a, b, sizeof(a));
32. }
33.
34. /*输出结果数组*/
35. for (i=0; i<MAX; i++) {
36.     for (j=0; j<MAX-1; j++) {
37.         printf("%d ", a[i][j]);
38.     }
39.     printf("%d\n", a[i][MAX-1]);
40. }
41.
42. return 0;
43. }
```

程序说明

程序第 8 和第 9 行定义了培养皿数组 a 和辅助计算用的数组 b,并把数组元素都初始化为 0(注意理解这种简洁的数组清零初始化方法)。程序第 13 行在培养皿正中央设置初始细菌数量。

程序第 15～第 32 行的循环模拟 n 天细菌繁殖扩散的过程。首先第 16 行用 memset 函数把数组 b 清零。第 18～第 29 行的二重循环对每一个培养皿位置,通过第 23～第 27 行的 3×3 的双重循环,让该位置上可能存在的细菌繁殖扩散到 9 个位置,由于当前位置上扩散的细菌会多一个,因此在第 21 行单独多加一次。计算的结果都保存在数组 b 中,计算完成后,把暂存在 b 中的结果通过 memcpy 函数复制到数组 a 中。

程序第 35～第 40 行按题目要求输出培养皿的状态。

习　　题

(请登录 PG 的开放课程完成习题)

11-1　直方图

给定一个数组,统计里面每一个数的出现次数。只统计到数组里最大的数。

假设 Fmax 是数组里最大的数,那么我们只统计{0,1,2,…,Fmax}里每个数出现的次数。如果没有出现过,则输出 0。

11-2　校门外的树

某校大门外长度为 L 的马路上有一排树,每两棵相邻的树之间的间隔都是 1 米。可以把马路看成一个数轴,马路的一端在数轴 0 的位置,另一端在 L 的位置;数轴上的每个整数点,即 $0,1,2,\cdots,L$,都种有一棵树。

由于马路上有一些区域要用来建地铁。这些区域用它们在数轴上的起始点和终止点表示。已知任一区域的起始点和终止点的坐标都是整数,区域之间可能有重合的部分。现在要把这些区域中的树(包括区域端点处的两棵树)移走。你的任务是计算将这些树都移走后,马路上还有多少棵树。

11-3 开关灯

假设有 N 盏灯(N 为不大于 5000 的正整数),按 $1\sim N$ 顺序依次编号,有 M 个人(M 为不大于 N 的正整数)也从 $1\sim M$ 依次编号,第一个人(1 号)将灯全部关闭,第二个人(2 号)将编号为 2 的倍数的灯打开,第三个人(3 号)将编号为 3 的倍数的灯做相反处理(即将打开的灯关闭,将关闭的灯打开)。依照编号递增顺序,以后的人都和 3 号一样,将凡是自己编号倍数的灯做相反处理。请问:当第 M 个人操作之后,哪几盏灯是关闭的,按从小到大输出其编号,其间用逗号间隔。

11-4 删除数组中的元素

给定一个整数和一个整数数组,将数组中所有和该数相等的元素从数组中删除。被删除的位置由后面的数据往前移。输出数组中的剩余有效元素。

例如,假设给定的数组是 int a[20]={1,3,3,0,−3,5,6,8,3,10,22,−1,3,5,11,20,100,3,9,3};

要删除的数是 3,删除以后,数组的长度还是 20,但是 9 前面的是有效元素。

删除以后数组情形如下(只是示例,不是最后的输出格式,其中 * 代表该元素的值是任意的):

1, 0, -3, 5, 6, 8, 10, 22, -1, 5, 11, 20, 100, 9, *, *, *, *, *, *

要求输出的是数组内的有效元素:

1 0 -3 5 6 8 10 22 -1 5 11 20 100 9

注:应对原数组进行移位操作来实现。

11-5 计算鞍点

输入一个二维(5×5)数组,每行只有一个最大值,每列只有一个最小值。如果存在鞍点,则输出鞍点所在的位置(行和列),不存在鞍点时,要输出 not found。鞍点指的是数组中的一个元素,它是所在行的最大值,并且是所在列的最小值。

例如,在下面的例子中(第 4 行第 1 列的元素就是鞍点,值为 8)。

11	3	5	6	9
12	4	7	8	10
10	5	6	9	11
8	6	4	7	9
15	10	11	20	25

11-6 流感传染

有一批易感人群住在网格状的宿舍区内,宿舍区为 $n\times n$ 的矩阵,每个格点为一个房间,房间里可能住人,也可能空着。在第一天,有些房间里的人得了流感,以后每天得流感的人会使其邻居传染上流感(已经得病的不变),空房间不会传染。请输出第 m 天得流感的人数。

11-7 最匹配的矩阵

给定一个矩阵 $A[m,n]$($100 \geq m \geq 1, 100 \geq n \geq 1$)和另一个矩阵 $B[r,s]$,有 $0 < r \leq m$, $0 < s \leq n$,A、B 所有元素值都是小于 100 的正整数。求 A 中和 B 最匹配的矩阵 $C[r,s]$,所谓最匹配是指 B 和 C 的对应元素差值的绝对值之和最小,如果有多个最佳匹配只需输出第一个(行号最小,行号相同时,列号最小)。

11-8 矩阵归零消减序列和

给定一个 $n \times n$ 的矩阵($3 \leq n \leq 100$,元素的值都是非负整数)。通过 $n-1$ 次实施下述过程,可把这个矩阵转换成一个 1×1 的矩阵。每次的过程如下:

首先对矩阵进行归零:即对每一行(或一列)上的所有元素,都在其原来值的基础上减去该行(或列)上的最小值,保证相减后的值仍然是非负整数,且这一行(或列)上至少有一个元素的值为 0。

然后对矩阵进行消减:即把 $n \times n$ 矩阵的第二行和第二列删除(如果二维数组为 a[][],则删除的是 a[1][1] 所在的行和列),使之转换为一个 $(n-1) \times (n-1)$ 的矩阵。下一次过程,对生成的 $(n-1) \times (n-1)$ 矩阵实施上述过程。显然,经过 $n-1$ 次上述过程,$n \times n$ 的矩阵会被转换为一个 1×1 的矩阵。

请求出每次消减前 a[1][1] 值之和。

下面给出两个消减过程,例如:

1 2 3 5 4 2 9 4 5	1 2 3 −1 5 4 2 −2 9 4 5 −4	0 1 2 3 2 0 5 0 1	归零:对左侧的矩阵,每行减去相应的数值,得到右侧的矩阵 消减:对右侧的矩阵删除第二行和第二列,得到下面左侧的矩阵
0 2 5 1	0 1 5 1 −1	0 1 4 0	归零:再次对左侧的矩阵,每行减去相应的数值,得到右侧的矩阵 消减:再次对右侧的矩阵删除第二行和第二列,得到下面左侧的矩阵
0		Sum=2	累加每次消减前 a[1][1] 的值得到 Sum

1 2 3 5 4 2 9 5 4	1 2 3 −1 5 4 2 −2 9 5 4 −4	0 1 2 3 2 0 5 1 0 −1	0 0 2 3 1 0 5 0 0	归零:对左侧的矩阵,每行减去相应的数值,得到第三个矩阵,再每列减去相应的数值,得到右侧的矩阵 消减:对右侧的矩阵删除第二行和第二列,得到下面左侧的矩阵
0 2 5 1	0 1 5 1 −1		0 1 4 0	归零:再次对左侧的矩阵,每行减去相应的数值,得到右侧的矩阵 消减:再次对右侧的矩阵删除第二行和第二列,得到下面左侧的矩阵
0			Sum=1	累加每次消减前 a[1][1] 的值得到 Sum

第 12 章 字符串处理

本章进一步介绍字符串处理的相关问题,包括字符串中的字符替换,字符串比较,字符串分析与数据提取,以及用字符串表示大整数等问题。

12.1 大小写字母互换

问题描述

把一个字符串中所有出现的大写字母都替换成小写字母,同时把小写字母替换成大写字母。

关于输入

输入一行:待互换的字符串。

关于输出

输出一行:完成互换的字符串(字符串长度小于 80)。

例子输入

If so, you already have a Google Account. You can sign in on the right.

例子输出

iF SO, YOU ALREADY HAVE A gOOGLE aCCOUNT. yOU CAN SIGN IN ON THE RIGHT.

提示

由于输入字符串中有空格,因此应该用 gets 函数把一行字符串读入到字符数组 s 中。可用 printf("%s\n",s)输出字符串 s。

解题思路

判断一个字符 ch 是否小写字母:(ch>='a' && ch<='z');类似的,判断 ch 是否大写字母:(ch>='A' && ch<='Z');判断 ch 是否数字:(ch>='0' && ch<='9')。

将大写字母转为小写字母:ch=ch-'A'+'a';类似的,将大写字母转为小写字母:ch=ch-'a'+'A';将字符表示的数字转为对应的整数:digit=ch-'0'。

程序 12-1

```
1.  #include <stdio.h>
2.
```

```
3.    #define MAX    80              /*字符串最大长度*/
4.
5.    int main()
6.    {
7.        char s[MAX+1];              /*字符数组预留结尾零位置*/
8.        int i;                       /*循环变量*/
9.
10.       gets(s);                     /*输入一行可能带空格的字符串*/
11.       for (i=0; s[i]; i++) {       /*遇到结尾零时结束循环*/
12.           if (s[i]>='a' && s[i]<='z') {   /*是判断否为小写字母*/
13.               s[i]=s[i]-'a'+'A';           /*小写字母转为大写字母*/
14.           }
15.           else if (s[i]>='A' && s[i]<='Z') {  /*是判断否为大写字母*/
16.               s[i]=s[i]-'A'+'a';               /*大写字母转为小写字母*/
17.           }
18.       }
19.       puts(s);                     /*输出转换后的字符串*/
20.
21.       return 0;
22.   }
```

程序说明

程序完成大小写字母互换的功能。程序第 7 行定义字符数组 s，数组长度比字符串最大长度大 1，预留出存放字符串结尾 0 的空间。程序第 10 行使用 gets 函数输入一个可能带空白字符的字符串，第 19 行调用 puts 把结果字符串输出。程序第 11～第 18 行的循环遍历字符串 s，遇到字符串的结尾 0 时结束循环。因为结尾 0 字符的 ASCII 码值为 0，故 for 循环的循环条件 $s[i]$ 在遇到结尾 0 前值均为非零，保证 for 对字符串的遍历。程序第 12～第 14 行判断 $s[i]$ 是否为小写字母，如果是，则把小写字母转换为大写字母赋值给 $s[i]$；程序第 15 至第 17 行判断 $s[i]$ 是否为大写字母，如果是，则把大写字母转换为小写字母赋值给 $s[i]$。

12.2 合法 C 标识符

问题描述

给定 n 个不包含空白符的字符串，请判断它们是否是 C 语言合法的标识符号（注：这些字符串一定不是 C 语言的关键字）。

关于输入

第一行为整数 n，其后 n 行每行一个字符串，字符串中不包含任何空白字符，且长度不大于 20。

关于输出

对应于每个字符串，如果它是 C 语言的合法标识符，则输出 yes，否则输出 no。

例子输入

```
GUE9NF1Ic
cGB8nd97F3
RKPEGX9R;TWyYcp
iefZIko1s}zy9XBg
sapOF3
6Lv5BYPeLPJ3vV'2[h
```

例子输出

```
yes
yes
no
no
yes
no
```

提示

标识符的定义见讲义。

解题思路

C 语言中对标识符字符串的要求是,以下划线"_"及大小写字母开头,后面跟着下划线"_"、大小写字母或数字。这要严格按标识符定义去判断即可。这里需要注意,因为数字不能出现在首字母位置,因此需要与下划线"_"和大小写字母的处理稍有不同。

程序 12-2

```
1.  #include <stdio.h>
2.
3.  #define MAX    20                    /*最大标识符长度*/
4.
5.  int main()
6.  {
7.      int i, j, n;                     /*循环相关变量*/
8.      char s[MAX+1];                   /*定义字符数组*/
9.
10.     scanf("%d", &n);                 /*读入待检查标识符的个数 n*/
11.     for (i=0; i<n; i++) {            /*循环 n 次*/
12.         scanf("%s", s);              /*每次读入一个待检查标识符字符串*/
13.         for (j=0; s[j]; j++) {       /*遍历字符串中的每个字符*/
14.             if (!((s[j]=='_') ||     /*标识符中的合法字符下划线"_"*/
15.                 (s[j]>='A' && s[j]<='Z') ||    /*大写字母*/
16.                 (s[j]>='a' && s[j]<='z') ||    /*小写字母*/
17.                 (s[j]>='0' && s[j]<='9' && j>0)))  /*非首字符数字*/
18.                 break;               /*遇到任何非法字符中断循环*/
19.         }
20.         if (s[j])                    /*s[j]非零表示因 break 中断循环*/
21.             printf("no\n");          /*含有非法字符,输出 no*/
22.         else                         /*否则前面的循环正常结束*/
```

```
23.              printf("yes\n");                    /*满足标识符定义,输出 yes*/
24.          }
25.
26.      return 0;
27. }
```

程序说明

程序第 13~第 19 行遍历每个待检查的标识符字符串。在第 14~第 17 行 if 语句的条件中,使用或运算符(||)列出 s[i]所有可能的合法字符形式。特别地,在第 17 行,增加"$j>0$"限制 s[j]是数字时不是首字母。最后使用非运算符(!),即存在不满足标识符定义的字符出现,则执行第 18 行的 break 语句中断对字符串字符的遍历,此时 s[j]的值是某个非法字符,其 ASCII 码值不是 0,因而可以在第 20 行判断 s[j]是否非 0 来判断 s 是否是合法标识符。

12.3 忽略大小写的字符串比较

问题描述

一般用 strcmp 可比较两个字符串的大小,比较方法为对两个字符串从前往后逐个字符相比较(按 ASCII 码值大小比较),直到出现不同的字符或遇到'\0'为止。如果全部字符都相同,则认为相同;如果出现不相同的字符,则以第一个不相同的字符的比较结果为准。但在有些时候,比较字符串的大小时,希望忽略字母的大小,例如"Hello"和"hello"在忽略字母大小写时是相等的。请编写一个程序,实现对两个字符串进行忽略字母大小写的大小比较。

关于输入

输入为两行,每行一个字符串,共两个字符串(每个字符串长度都小于 80)。

关于输出

如果第一个字符串比第二个字符串小,输出一个字符"<"。

如果第一个字符串比第二个字符串大,输出一个字符">"。

如果两个字符串相等,输出一个字符"="。

例子输入

Hello, how are you?
hello, How are you?

例子输出

=

提示

编写 C 程序时,请用 gets 录入每行字符串,scanf 无法录入整行。

不要使用 strlwr 函数和 strupr 函数来做。事实上,编程网格中不支持这两个函数。

解题思路 1

虽然在编程网格中,可以使用 strcasecmp 函数直接做忽略大小写的字符串比较;而在 Visual C++ 中,则可以用 stricmp 函数直接比较。但这两个函数对 C 语言初学者仍比较陌生,同时也不能通用,所以本题目采用先把两个字符串都转为大写(或小写),然后再调用 strcmp 函数来比较。

程序 12-3-1

```
1.   #include <stdio.h>
2.   #include <string.h>
3.
4.   #define MAX    80                          /*最大字符串长度*/
5.
6.   int main() {
7.       int i;                                 /*循环变量*/
8.       int cmp;                               /*记录字符串比较结果的变量*/
9.       char s1[MAX+1], s2[MAX+1];             /*两个字符串的字符数组*/
10.
11.      /*读入两行字符串*/
12.      gets(s1);
13.      gets(s2);
14.
15.      /*把字符串 s1 中的小写字符变大写*/
16.      for (i=0; s1[i]; i++) {
17.          if (s1[i]>='a' && s1[i]<='z') {
18.              s1[i]-='a'-'A';
19.          }
20.      }
21.
22.      /*把字符串 s2 中的小写字符变大写*/
23.      for (i=0; s2[i]; i++) {
24.          if (s2[i]>='a' && s2[i]<='z') {
25.              s2[i]-='a'-'A';
26.          }
27.      }
28.
29.      /*比较转换后的两个字符串*/
30.      cmp=strcmp(s1, s2);
31.      if (cmp>0) {
32.          printf(">");
33.      }
34.      else if (cmp<0) {
35.          printf("<");
36.      }
37.      else {
38.          printf("=");
39.      }
40.
41.      return 0;
42.  }
```

程序说明

程序第 16～第 20 行和第 23～第 27 行分别把字符串 s1 和 s2 中的小写字母转换为大写字母。这样就可以在程序第 30 行调用 strcmp 进行 s1 和 s2 的比较。

解题思路 2

也可以直接逐个字符进行比较。

程序 12-3-2

```
1.   #include <stdio.h>
2.
3.   #define MAX    80                              /*最大字符串长度*/
4.
5.   int main()
6.   {
7.       int i;                                    /*循环变量*/
8.       int cmp;                                  /*记录字符串比较结果的变量*/
9.       char s1[MAX+1], s2[MAX+1];                /*两个字符串的字符数组*/
10.
11.      /*读入两行字符串*/
12.      gets(s1);
13.      gets(s2);
14.
15.      /*两个字符串只有长度相同时才可能相等,因此循环结束条件是同时遇到结尾 0*/
16.      for (i=0; s1[i] && s2[i]; i++) {
17.          if (s1[i]>='a' && s1[i]<='z') {
18.              s1[i]-='a'-'A';                   /*把字符串 s1 中的小写字符变大写*/
19.          }
20.          if (s2[i]>='a' && s2[i]<='z') {
21.              s2[i]-='a'-'A';                   /*把字符串 s2 中的小写字符变大写*/
22.          }
23.          if (s1[i] != s2[i]) {                 /*如果对应字符不相等,比较大小输出*/
24.              printf((s1[i]>s2[i]) ? ">" : "<");
25.              break;                            /*已经比较完,中断循环*/
26.          }
27.      }
28.
29.      /*两个字符串都结束于结尾 0 时,表明前面的循环正常结束,两个字符串相等*/
30.      if (s1[i]==0 && s2[i]==0) {
31.          printf("=");
32.      }
33.
34.      return 0;
35.  }
```

程序说明

程序第 16～第 27 行逐个比较两个字符串中的字符。首先在第 17～第 19 行和第 20～

第 22 行分别把 s1 和 s2 中的小写字符转换为大写字符,再在第 23 行判断两个字符串中对应的字符是否相等。如果两个字符不等,则整个字符串的大小关系与这两个第一对不相等的字符的大小关系一致。程序第 24 行直接使用问号表达式(?:)判断字符间的大小关系并转换为对应的大于号或小于号输出。因为字符串的大小关系已经确定出来,因此程序第 25 行调用 break 语句中断整个循环。

需要注意的是,程序第 16 行 for 语句的循环条件是 s1[i] && s2[i],也就是同时遇到两个字符串的结尾 0 时才正常结束循环。如果两个字符串的长度不相等,则循环结束前,一定会在第 23 行的 if 语句处满足条件,进而通过 break 语句中断循环。所以只有当两个字符串完全相等时,这个 for 循环才能正常结束,因此在第 30～第 32 行,通过判断是否同时遇到了两个字符串的结尾 0,补充两个字符串相等情形时的输出。

12.4 首字母大写

问题描述

对一个字符串中的所有单词,如果单词的首字母不是大写字母,则把单词的首字母变成大写字母。在字符串中,单词之间通过空白符分隔,空白符包括空格(' ')、制表符('\t')、回车符('\r')和换行符('\n')。

关于输入

输入一行:待处理的字符串(长度小于 80)。

关于输出

输出一行:转换后的字符串。

例子输入

if so, you already have a google account. you can sign in on the right.

例子输出

If So, You Already Have A Google Account. You Can Sign In On The Right.

提示

由于输入字符串中有空格,因此应该用 get 函数把一行字符串读入到字符数组 s 中。

可用 printf("%s\n",s)输出字符串 s。

解题思路

程序的关键是判断出单词的首字母,这可以通过看字符是否是句首字符,或者其前面的字符是否为空白字符(空格(' ')和制表符('\t'))来确定。对于单词首字母,如果它是小写字母,则把它转换为大写。

程序 12-4

```
1.  #include <stdio.h>
2.
3.  #define MAX    80                              /*最大字符串长度*/
4.
5.  int main()
```

```
6.    {
7.        char s[MAX+1];                                      /*字符数组*/
8.        int i;                                              /*循环变量*/
9.
10.       gets(s);                                            /*读入一行字符串*/
11.       for (i=0; s[i]; i++) {                              /*遍历每个字符*/
12.           /*判断 s[i]是否为单词首字母*/
13.           /*因为存在"布尔表达式短路"规则,所以先判断 i==0 是安全的*/
14.           if (i==0||s[i-1]==' '||s[i-1]=='\t') {
15.               if (s[i]>='a' && s[i]<='z') {               /*首字母是否小写字符?*/
16.                   s[i]=s[i]-'a'+'A';                      /*把小写字符转换为大写*/
17.               }
18.           }
19.       }
20.       puts(s);                                            /*输出转换后的字符串*/
21.
22.       return 0;
23.   }
```

程序说明

该程序中比较特殊的是第 14 行 if 语句的条件判断。理论上来说,当 $i==0$ 时,$s[i-1]$ 是对数组 s 的越界访问。但是,因为条件表达式中的三个等式使用逻辑或运算符(||)连起来的,而逻辑或运算具有"布尔表达式短路"的特点,即一旦前面的表达式成立(布尔值为 1),则后面的表达式将不会被实际执行。因此当 $i==0$ 时,后面的两个 $s[i-1]$ 根本不会被访问,也就不会出现数组访问越界的问题了。

12.5 密码翻译

问题描述

在情报传递过程中,为了防止情报被截获,往往需要对情报用一定的方式加密,简单的加密算法虽然不足以完全避免情报被破译,但仍然能防止情报被轻易地识别。给出一种最简的加密方法,对给定的一个字符串,把其中从 a~y,A~Y 的字母用其后继字母替代,把 z 和 Z 用 a 和 A 替代,则可得到一个简单的加密字符串。

关于输入

第一行是字符串的数目 n,也要使用 gets(s)读取字符串,再用 $n=$atoi(s)获得整数数值。

其余 n 行每行一个字符串,用 gets(s)方式读取这一行字符串。每个字符串长度小于 80 个字符。

关于输出

输出每行字符串的加密字符串。

例子输入

1

Hello! How are you!

例子输出

Ifmmp! Ipx bsf zpv!

提示

为了避免 gets 和 scanf 在使用时的冲突,可用 $n=$ atoi(s) 把字符串 s 转换为整数。atoi 定义在头文件 stdlib.h 中。

解题思路 1

不混用 gets 和 scanf,使用 atoi(s) 把字符串转换为整数。

程序 12-5-1

```
1.  #include <stdio.h>
2.  #include <string.h>
3.  #include <stdlib.h>
4.
5.  #define MAX    80                       /*最大字符串长度*/
6.
7.  int main()
8.  {
9.      char str[MAX+1];                    /*字符数组*/
10.     int n, i, j, len;                   /*循环相关变量*/
11.
12.     gets(str);                          /*读取第一个整数的字符串形式*/
13.     n=atoi(str);                        /*把字符串转换为整数值*/
14.
15.     for (i=0; i<n; i++) {               /*循环 n 次*/
16.         gets(str);                      /*每次读取一行待加密字符串*/
17.         len=strlen(str);                /*求字符串的长度*/
18.         for (j=0; j<len; j++) {         /*用字符串长度控制遍历每个字符*/
19.             if ((str[j]>='a' && str[j]<='y') ||
20.                 (str[j]>='A' && str[j]<='Y')) {
21.                 str[j]=str[j]+1;        /*把这些字符替换为其后继字符*/
22.             }
23.             else if (str[j]=='z') {
24.                 str[j]='a';             /*把 z 替换为 a*/
25.             }
26.             else if (str[j]=='Z') {
27.                 str[j]='A';             /*把 Z 替换为 A*/
28.             }
29.         }
30.         puts(str);                      /*输出加密后的字符串*/
31.     }
32.
33.     return 0;
34. }
```

程序说明

程序第12和第13行以字符串的形式读入一个整数,再把整数字符串用atoi函数转换为整型值。atoi函数定义在头文件stdlib.h中,因此程序第3行需要引入该头文件。

程序第17行调用strlen函数求取字符串长度,在第18行利用字符串长度值len控制对字符串中字符的遍历。strlen函数定义在头文件string.h中,因此程序第2行需要引入该头文件。

程序第19～第31行的if-else语句用于按加密规则加密字符串。

解题思路2

混用gets和scanf,需要注意细节处理。

程序12-5-2

```
1.   #include <stdio.h>
2.   #include <string.h>
3.
4.   #define MAX    80                  /*最大字符串长度*/
5.
6.   int main()
7.   {
8.       char str[MAX+1];               /*字符数组*/
9.       int n, i, j, len;              /*循环相关变量*/
10.
11.      scanf("%d\n", &n);             /*读取第一个整数n*/
12.
13.      for (i=0; i<n; i++) {          /*循环n次*/
14.          gets(str);                 /*每次读取一行待加密字符串*/
15.          len=strlen(str);           /*求字符串的长度*/
16.          for (j=0; j<len; j++) {    /*用字符串长度控制遍历每个字符*/
17.              if ((str[j]>='a' && str[j]<='y') ||
18.                  (str[j]>='A' && str[j]<='Y')) {
19.                  str[j]=str[j]+1;   /*把这些字符替换为其后继字符*/
20.              }
21.              else if (str[j]=='z'||str[j]=='Z') {
22.                  str[j]-=25;        /*把z(Z)替换为a(A)*/
23.              }
24.          }
25.          printf("%s\n", str);       /*输出加密后的字符串*/
26.      }
27.
28.      return 0;
29.   }
```

程序说明

一般来说,要避免把gets函数和scanf函数混用。但在本题目中,也仍然可以混用scanf和gets,只是需要注意一些细节。程序第12行的scanf格式字符串最后要加一个

"\n",这样就能"吃掉"最后的换行符,避免下一步的 gets 得到一个空的字符串。

程序第 21~第 23 行根据 a 与 z 和 A 与 Z 之间 ASCII 码数值都相差 25 的共性,在一个分支语句中完成把 z 替换为 a 和把 Z 替换为 A 的转换。

12.6　数字串分隔

问题描述

通常可以把十进制数字串转换为用逗号隔开的数,从右边开始每三个数字之间用一个逗号隔开。例如给出串"1543729",应输出"1,543,729"。现在编写程序,使它可以由指定的分隔符和分隔符之间的数字个数来分隔数字串。

关于输入

首先输入一个待分隔的十进制数字串(字符串最大长度为 32),之后有一个分隔字符,最后是分隔符之间的数字个数。每一项之间有一个空格。

关于输出

输出分隔后的数字串。

例子输入

1543729 , 3

例子输出

1,543,729

解题思路

本题的解题关键是找到需要插入分隔符号的字符位置。

程序 12-6

```
1.  #include <stdio.h>
2.  #include <string.h>
3.
4.  #define MAX    32                          /*最大字符串长度*/
5.
6.  int main()
7.  {
8.      char str[MAX+1];                       /*字符数组*/
9.      char c;                                /*分隔字符*/
10.     int i, j, k, len, f;                   /*循环相关变量*/
11.
12.     /*读入整数字符串,分隔字符,及分组长度*/
13.     scanf("%s %c %d", str, &c, &k);
14.     len=(int)strlen(str);                  /*求字符串的长度*/
15.
16.     /*先输出最前面不满一组的数字*/
17.     f=len%k;
18.     for (i=0; i<f; i++) {
```

```
19.         printf("%c", str[i]);
20.     }
21.
22.     /*然后一组一组地依次输出各组数字和分隔符*/
23.     while (i<len) {
24.         if (i>0) {                          /*i>0说明前面已经输出了数字*/
25.             printf("%c", c);                /*加一个分隔符号*/
26.         }
27.         for (j=0; j<k; j++, i++) {          /*输出该组数字,i代表已输出位数*/
28.             printf("%c", str[i]);
29.         }
30.     }
31.     printf("\n");
32.
33.     return 0;
34. }
```

程序说明

程序第17~第20行首先计算第一个分隔符前需要输出的不满一组的数字个数,把这些数字输出后,后续的输出就可以按输出一个分隔符,再输出一组数字的方式循环进行。变量 i 用于记录已经输出的数字的个数。在程序第23~第30行的循环中,如果 $i==0$,则说明还未输出任何字符,这时不需要输出分隔字符(如程序第24~第26行的if语句所示)。

12.7 文字排版

问题描述

给一段英文短文,单词之间以空格分隔(单词包括其前后紧邻的标点符号)。请按照每行不超过80个字符,每个单词居于同一行上的原则对短文进行排版,在同一行的单词之间以一个空格分隔,行首和行尾都没有空格。

关于输入

第一行是一个整数,表示英文短文中单词的数目。其后是 n 个以空格分隔的英文单词(单词包括其前后紧邻的标点符号,且每个单词长度都不大于40个字母)。

关于输出

排版后的多行文本,每行文本字符数最多80个字符,单词之间以一个空格分隔,每行文本首尾都没有空格。

例子输入

84
One sweltering day, I was scooping ice cream into cones and told my four children they could "buy" a cone from me for a hug. Almost immediately, the kids lined up to make their purchases. The three youngest each gave me a quick hug, grabbed their cones and raced back outside. But when my teenage son at the end of the line finally got his turn to "buy" his ice cream, he gave me two hugs. "Keep the changes," he said with a smile.

例子输出

One sweltering day, I was scooping ice cream into cones and told my four
children they could "buy" a cone from me for a hug. Almost immediately, the kids
lined up to make their purchases. The three youngest each gave me a quick hug,
grabbed their cones and raced back outside. But when my teenage son at the end
of the line finally got his turn to "buy" his ice cream, he gave me two hugs.
"Keep the changes," he said with a smile.

提示

可用 scanf("%s"，word)依次读入每个单词。

解题思路

在要输出每个单词之前，先计算在当前行输出该单词后，是否一行的长度已经超过 80 个字符的限制，如果超出，则当前单词必须在下一行输出。每次输出一个单词后，记住下一次要输出单词(或空格)的位置，便于计算。

程序 12-7

```
1.  #include <stdio.h>
2.  #include <string.h>
3.
4.  #define MAX    40              /*最大单词长度*/
5.  #define LINE   80              /*一行的宽度*/
6.
7.  #include <stdio.h>
8.  #include <string.h>
9.
10. int main()
11. {
12.     int i, n, len;                    /*循环相关变量*/
13.     int end=0;                        /*下一个单词(或空格)输出的位置*/
14.     char word[MAX+1];                 /*单词字符数组*/
15.
16.     scanf("%d", &n);                  /*读入单词数目 n*/
17.     for (i=0; i<n; i++) {             /*循环 n 次*/
18.         scanf("%s", word);            /*每次读入一个单词*/
19.         len=strlen(word);             /*求得单词字符串的长度*/
20.         /*在当前行上，再输出一个单词(包括前面的空格)后是否超限*/
21.         if (end+len+1>LINE) {
22.             printf("\n");             /*超出 LINE 个字符限制时,换行*/
23.             end=0;                    /*下一个单词输出的位置归 0*/
24.         }
25.         else if (i>0) {               /*第一个单词前不加空格*/
26.             printf(" ");              /*其余单词前要加空格*/
27.             end++;                    /*更新到下一个单词输出的位置*/
28.         }
```

```
29.         printf("%s", word);                /*输出单词*/
30.         end += len;                        /*更新到下一个空格输出的位置*/
31.     }
32.
33.     return 0;
34. }
```

程序说明

程序第 13 行定义变量 end 用来记录下一个要输出单词（或空格）的位置。程序第 17～第 31 行的 for 循环处理每一个读入的单词。每当读入一个单词 word 后，计算 word 的字符串长度 len。程序第 21 行判断从当前位置 end 算起，再输出一个单词及其前面的空格后，该行的长度值（end+len+1）是否超出了一行 80 个字符的限制。如果超出，则输出换行，否则检查当前单词是否是第一个单词，如果不是，要在输出单词前添加一个空格。最后在第 29 行输出该单词。每当输出单词、空格或换行后，都要更新变量 end，以保证它始终记录着下一个单词或空格的输出位置。

12.8 单词替换

问题描述

输入一个字符串，以回车结束（字符串长度≤100）。该字符串由若干个单词组成，单词之间用一个空格隔开，所有单词区分大小写。现需要将其中的某个单词替换成另一个单词，并输出替换之后的字符串。

关于输入

输入包括 3 行：
第 1 行是包含多个单词的字符串 s。
第 2 行是待替换的单词 a（长度≤100）。
第 3 行是 a 将被替换的单词 b（长度≤100）。
注：s、a、b 最前面和最后面都没有空格。

关于输出

输出只有 1 行：
将 s 中所有单词 a 替换成 b 之后的字符串。
如果 s 中单词 a 没有出现，则将 s 原样输出。

例子输入

You want someone to help you
You
I

例子输出

I want someone to help you

提示

可以用 gets 函数来输入带空格的字符串。

解题思路

根据题意,只需要遍历第一个字符串中的每个单词,判断它是否与待替换单词 a 相同,如果相同,输出 b,如果不同,输出原单词。单词之间再用空格分隔即可。虽然可以使用 strcmp 函数比较字符串,但前提是两个待比较的都是以 '\0' 结尾的字符串,而字符串 s 中的单词都是空格分隔的,无法直接调用 strcmp。一种解决方法是,可以把字符串 s 中的所有空格都替换为字符串的结尾 '\0',这样,在字符数组中存放的将不是一个字符串,而是一组字符串,每个字符串紧密排列。为了统一处理把单词结尾的空格替换为 '\0' 的操作,在输入的字符串 s 最后再添加一个空格。最后,待所有的空格都被替换为 '\0' 后,字符数组 s 中存放的是一系列以 '\0' 结尾的字符串,最后一个字符串的结尾处有两个连续的 '\0'。用 '\0' 把每个单词分隔开后,就可以直接使用 strcmp 函数判断单词是否与 a 相等了。

程序 12-8

```
1.  #include <stdio.h>
2.  #include <string.h>
3.
4.  #define MAX    100                    /*最大字符串长度*/
5.
6.  vint main()
7.  {
8.      char str[MAX+2];                  /*待替换字符串,预留结尾空格空间*/
9.      char a[MAX+1], b[MAX+1];          /*待替换单词a,替换单词b*/
10.     char *s=str, *p;                  /*定位单词的辅助字符指针*/
11.
12.     /*依次读入三个字符串*/
13.     gets(s);
14.     gets(a);
15.     gets(b);
16.
17.     /*为了避免特殊处理,在字符串 str 最后也加上一个空格*/
18.     strcat(s, " ");
19.
20.     /*逐个单词处理,s 总是指向单词的开始,p 总是指向单词的结尾*/
21.     while (*s) {
22.         /*将空格替换为 '\0',就能够将以 s 开始的单词分割出来*/
23.         p=strchr(s, ' ');
24.         *p='\0';
25.
26.         /*如果这个单词和要替换单词相同,就输出替换的单词,否则输出原单词*/
27.         printf((strcmp(s, a)==0) ?b : s);
28.
29.         /*s 转到下一个单词的开始,如果字符串还没有结束,就输出一个空格*/
30.         s=p+1;
31.         if (*s) {
```

```
32.                printf(" ");
33.            }
34.        }
35.
36.        return 0;
37. }
```

程序说明

程序第 8 行定义的字符数组 str 长度为 MAX+2,预留了 2 个字符的位置,一个是为了补充结尾空格,方便后续程序处理,另一个位置留给字符串的结尾'\0'。程序第 18 行,在读入字符串后,利用 strcat 函数在 str 字符串的结尾位置补了一个空格字符。

程序第 21~第 34 的循环中,每次循环开始前,s 指向的是下一个单词开始的位置。在字符数组 str 中,当空格被替换为'\0'后,只有最后一个单词的结尾'\0'后面还是一个字符'\0'。因此当 *s 非零时,s 指向的总是一个有效单词开始的位置,循环得以继续,直到处理完所有单词。

程序第 23 行调用 strchr 函数定位单词 s 后面的第一个空格,并在第 24 行把这个空格替换为'\0',使得字符指针 s 指向的单词成为一个完整的字符串。程序第 27 行调用 strcmp 函数判断 s 是否与 a 相同,相同则输出替换后的字符串 b,否则输出原始字符串 s。程序第 30 行是 s 指向下一个单词开始的位置,如果这个位置是一个有效的单词(只有当 str 数组中的单词都处理完时,s 指向一个'\0'字符),则输出一个空格分隔输出中的单词。

12.9 数 制 转 换

问题描述

求任意两个不同进制非负整数的转换(二进制~三十六进制),所给整数在 long 所能表达的范围之内。不同进制的表示符号为(0,1,…,9,a,b,…,z)或者(0,1,…,9,A,B,…,Z)。

关于输入

输入只有一行,包含三个整数 a、n、b。a 表示其后的 n 是 a 进制整数,b 表示欲将 a 制整数 n 转换成 b 进制整数。

b 是十进制整数,$2 \leqslant a, b \leqslant 36$。

关于输出

输出包含一行,该行有一个整数为转换后的 b 进制数。输出时字母符号全部用大写表示,即(0,1,…,9,A,B,…,Z)。

例子输入

15 Aab3 7

例子输出

210306

提示

可以用字符串表示不同进制的整数。

解题思路

本题的基本思路是，首先将 a 进制数转换为整数数值，然后将整数数值转换为 b 进制数输出。因为在进制转换过程中需要做字符到数值和数值到字符的映射，但映射关系的逻辑较难用简短的程序表达，一种好的方法是把两种映射的关系预先维护在数组中，通过查表的方式完成映射。

程序 12-9

```
1.   #include <stdio.h>
2.
3.   #define MAX     80               /* long 型整数的任何进制数的长度都不比它大 */
4.
5.   int main()
6.   {
7.       /* 字符到数值的映射表,初始化为全 0,待后面程序赋值 */
8.       int a2i[128]={0};
9.
10.      /* 数值到字符的映射表,用字符串的形式初始化数组 */
11.      char i2a[]="0123456789ABCDEFGHIJKLMNOPQRSTUVWXYZ";
12.
13.      char in[MAX], out[MAX]="0";
14.      int i, from, to, len=0;
15.      long num=0;
16.
17.      /* 初始化 a2i 表 */
18.      for (i='0'; i<='9'; i++) {
19.          a2i[i]=i-'0';
20.      }
21.      for (i='A'; i<='Z'; i++) {
22.          a2i[i]=i-'A'+10;
23.      }
24.      for (i='a'; i<='z'; i++) {
25.          a2i[i]=i-'a'+10;
26.      }
27.
28.      /* 按照指定的进制将数字读入,并放在变量 num 中 */
29.      scanf("%d%s%d", &from, in, &to);
30.      for (i=0; in[i] !='\0'; i++) {
31.          num=num*from+a2i[in[i]];
32.      }
33.
34.      /* 数字的计算机内部表示已经在 num 中,现在按照指定的进制输出它 */
35.      len=(num==0) ?1 : 0;
36.      while (num>0) {
37.          out[len++]=i2a[num%to];
38.          num /=to;
```

```
39.     }
40.     for (i=len-1; i>=0; i--) {
41.         printf("%c", out[i]);
42.     }
43.
44.     return 0;
45. }
```

程序说明

程序第 8 行定义了数组 a2i，用于映射所有 ASCII 码值对应的进制数值。程序第 18～第 26 行初始化映射值，把字符'0'到'9'映射为数值 0～9，字符'A'～'Z'和'a'～'z'都映射为 10～35，其余的字符都由定义时的初始化默认映射到 0。

程序第 9 行定义了数组 i2a，用于把数值映射到字符。映射关系通过字符串初始化的形式存放在 i2a 中。对于最高可表达的三十六进制来说，数值 0～9 被映射为字符'0'～'9'，数值 10～35 被映射为字符'A'～'Z'。

程序第 30～第 32 行把读入的 a 进制字符串，根据 a2i 映射表，把它转换为 long 型整数值存放在变量 num 中。程序第 35～第 39 行，把变量 num 的值按 b 进制数的形式，利用 i2a 表构造 b 进制数每一位对应的字符。程序第 40～第 42 行按顺序输出 b 进制数的每一位数字。当 num 本身是一个大于 0 的数值时，程序第 36～第 39 的 while 循环能够正确求出 b 进制数表达形式下字符串的长度。但 num 本身为 0 时，这个循环的循环体不会被运行，但其 b 进制数长度应为 1，所以程序第 35 行根据 num 是否为 0 分两种情况给 len 赋值。

12.10 大整数加法

问题描述

计算 $a+b$ 的值。

关于输入

输入两个非负整数 a 和 b，它们的位数≤250。

关于输出

输出一个非负整数，即 $a+b$ 的值，不允许有前导的"0"。

例子输入

1111111111111111111111111111111111
2222222222222222222222222222222222

例子输出

3333333333333333333333333333333333

提示

请用字符串输入数据，并模拟人工竖式计算。

解题思路

当整数的位数太大时，无法用 C 语言的整型变量存放其数值。一种解决方法是用整数数组存放大整数,大整数的每一位数字存放在一个数组元素中。为了计算和处理上的方便,规定大整数的个位在数组下标 0 处,十位在数组下标 1 处,依此类推。使用额外的整型变量记录大整数的位数,也即数组中的有效元素个数。在大整数数组上,定义加法运算函数,完成大整数的加法运算;定义输出函数,输出大整数的数值字符串。

为了读入大整数,可以首先把大整数字符串读入字符数组中,再把字符串形式的大整数转换为数组形式的大整数。

程序 12-10

```
1.  #include <stdio.h>
2.  #include <string.h>
3.
4.  #define MAX 256          /*输入的整数字符串及运算的结果字符串都不会超过这个长度*/
5.
6.  /***
7.   * 函数 str2bigint:把表示整数的字符串转换为整数数组形式的大整数。
8.   * 参数:str         表示整数的字符串;
9.   *      a           存放大整数的整数数组;
10.  * 返回值:          大整数的位数。
11.  */
12. int str2bigint(char * str, int * a)
13. {
14.     int len=(int)strlen(str);           /*字符串长度即大整数的位数*/
15.     int i;
16.     for (i=0; i<len; i++) {
17.         a[len-i-1]=str[i]-'0';          /*逆序把每一位字符转换为整数*/
18.     }
19.     return len;                         /*返回大整数的位数*/
20. }
21.
22. /***
23.  * 函数 print_bigint:输出整数数组所代表的大整数,不包括前导 0
24.  * 参数:a           存放大整数的整数数组
25.  *      len         大整数的位数
26.  */
27. void print_bigint(int * a, int len)
28. {
29.     int k=len-1;                        /*k 指向大整数的最高位*/
30.     int i;
31.     while (a[k]==0 && k>0) {            /*去掉前导 0,使 k 指向最高的非 0 位*/
32.         k--;
33.     }
34.     for (i=k; i>=0; i--) {              /*然后一位一位地输出结果*/
35.         printf("%d", a[i]);
36.     }
37. }
```

```
38.
39.    /***
40.     * 函数 add_bigint：两个大整数相加。
41.     * 参数：a          第一个大整数数组；
42.     *       alen       第一个大整数的位数；
43.     *       b          第二个大整数数组；
44.     *       blen       第二个大整数的位数；
45.     *       c          存放结果大整数的整数数组；
46.     * 返回值：          结果大整数的位数。
47.     */
48.    int add_bigint(int * a, int alen, int * b, int blen, int * c)
49.    {
50.        int i;
51.        int len=(alen>blen)?alen:blen;         /* 取 a 和 b 的最大位数 */
52.        for (i=0; i<len; i++) {                /* 先按位相加,结果保存在数组 c 中 */
53.            c[i]=0;                            /* 先把 c[i]清零 */
54.            if (i<alen) c[i] +=a[i];           /* 如果 a[i]有效,累加到 c[i] */
55.            if (i<blen) c[i] +=b[i];           /* 如果 b[i]有效,累加到 c[i] */
56.        }
57.        c[len]=0;                              /* 把可能的结果大整数最高位清 0 */
58.        for (i=0; i<len; i++) {                /* 从低位到高位依次检查是否需要进位 */
59.            if (c[i]>=10) {                    /* 值大于 10 时需要进位 */
60.                c[i+1] +=c[i]/10;              /* 累加进位数值 */
61.                c[i] %=10;                     /* 保留下余数 */
62.            }
63.        }
64.        /* 如果 c[len]的值不是 0,则结果大整数的位数比 a 和 b 的最大位数多一位 */
65.        return c[len] ? (len+1) : len;         /* 返回结果大整数的位数 */
66.    }
67.
68.    int main()
69.    {
70.        char s1[MAX], s2[MAX];                 /* 大整数字符串 */
71.        int a[MAX], b[MAX], c[MAX];            /* 大整数数组 */
72.        int alen, blen, clen;                  /* 大整数的位数 */
73.        scanf("%s%s", s1, s2);                 /* 读入两个大整数字符串 */
74.        alen=str2bigint(s1, a);                /* 把字符串 s1 转换为数组 a */
75.        blen=str2bigint(s2, b);                /* 把字符串 s2 转换为数组 b */
76.        clen=add_bigint(a, alen, b, blen, c);  /* 计算 a+b,存放在 c 中 */
77.        print_bigint(c, clen);                 /* 输出计算结果 */
78.        return 0;
79.    }
```

程序说明

程序第 12～第 20 行定义函数 str2bigint,把字符串形式的大整数转换为数组形式的大整数。字符串形式的大整数,其最低位在字符串结尾位置;而数组形式的大整数,其最低位在数组下标 0 位置。在计算出字符串的长度(即大整数的位数)后,程序第 16~第 18 行按颠倒顺序的方式把字符串中的每一位数字字符转换为数字数值存放在数组中。最后返回大整数的位数。

程序第 27~第 37 行定义函数 print_bigint,该函数按大整数从高位到低位的顺序输出每一位上的数字,如果最前面的数字都是 0,则需要忽略这些 0 后再输出。当然如果大整数的值是 0 时,也需要输出一个 0。程序第 29 行首先让变量 k 指向大整数数组中的最高位,然后通过第 31~第 33 行的循环把大整数数组中的前导 0 都去掉,使 k 指向大整数的实际最高位。最后按下标从大到小的顺序输出每个数组元素的数值(数字)。

程序第 48~第 66 行定义函数 add_bigint,实现数组形式的大整数加法。第 51 行先确定 a 和 b 的最大位数。第 52~第 56 行的循环依次把 a 和 b 的每一位上的数字值累加到 c 上,累加前对 c 的对应位清零,保证数组 c 即使未被初始化为全 0,也能得到正确结果。第 54 和 55 行上的 if 条件保证了只对 a 和 b 的有效位做累加。第 57 行把 $c[len]$ 清零,以便后续进位运算时,能正确地保存下进位值。函数把加法运算和进位运算分开处理,主要是方便在加法运算的同时对 c 的对应位初始化。第 58~第 63 行的循环实现对按位加结果的进位运算,保证 c 中的每个元素的值都是个位数值。这个过程可能会进位到 $c[len]$,也可能没有进位。这两种情况下,结果大整数的位数相差 1 位。

程序第 68~第 79 行的主函数非常简单,通过调用上面定义的函数即完成对大整数加法的处理。

12.11 大整数减法

问题描述

求 2 个大的正整数相减的差。

关于输入

第 1 行是测试数据的组数 n,每组测试数据占 2 行,第 1 行是被减数 a,第 2 行是减数 b(其中 $a>b$)。每组测试数据之间有一个空行,每行数据不超过 100 位。

关于输出

n 行,每组测试数据有一行输出是相应的整数差。

例子输入

```
2
9999999999999999999999999999999
9999999999

54096567750978508956870567980689709345465465756767686784354353 45
1
```

例子输出

```
9999999999999999999990000000000000
54096567750978508956870567980689709345465465756767686784354353 44
```

解题思路

其解题思路与大整数相加问题相同。

程序 12-11

```
1.  #include <stdio.h>
2.  #include <string.h>
3.
4.  #define MAX 256           /*输入的整数字符串及运算的结果字符串都不会超过这个长度*/
5.
6.  /***
7.   * 函数 str2bigint：把表示整数的字符串转换为整数数组形式的大整数。
8.   * 参数：str        表示整数的字符串；
9.   *       a          存放大整数的整数数组；
10.  * 返回值：         大整数的位数。
11.  */
12. int str2bigint(char * str, int * a)
13. {
14.     int len=(int)strlen(str);         /*字符串长度即大整数的位数*/
15.     int i;
16.     for (i=0; i<len; i++) {
17.         a[len-i-1]=str[i]-'0';        /*逆序把每一位字符转换为整数*/
18.     }
19.     return len;                       /*返回大整数的位数*/
20. }
21.
22. /***
23.  * 函数 print_bigint：输出整数数组所代表的大整数，不包括前导0。
24.  * 参数：a          存放大整数的整数数组；
25.  *       len        大整数的位数。
26.  */
27. void print_bigint(int * a, int len)
28. {
29.     int k=len-1;                      /*k指向大整数的最高位*/
30.     int i;
31.     while (a[k]==0 && k>0) {          /*去掉前导0,使k指向最高的非0位*/
32.         k--;
33.     }
34.     for (i=k; i>=0; i--) {            /*然后一位一位地输出结果*/
35.         printf("%d", a[i]);
36.     }
37. }
38.
39. /***
40.  * 函数 sub_bigint：两个大整数相减。
41.  * 参数：a          第一个大整数数组；
```

```
42.  *       alen           第一个大整数的位数;
43.  *       b              第二个大整数数组;
44.  *       blen           第二个大整数的位数;
45.  *       c              存放结果大整数的整数数组;
46.  * 返回值:               结果大整数的位数。
47.  */
48.  int sub_bigint(int * a, int alen, int * b, int blen, int * c)
49.  {
50.      int i;
51.      for (i=0; i<alen; i++) {              /*先按位相加,结果保存在数组 c 中*/
52.          c[i]=a[i];                         /*先把 a[i]赋值给 c[i]*/
53.          if (i<blen) c[i]-=b[i];            /*如果 b[i]有效,从 c[i]中减去*/
54.      }
55.      for (i=0; i<alen; i++) {              /*从低位到高位依次检查是否需要进位*/
56.          if (c[i]<0) {                      /*值小于 0 时需要借位*/
57.              c[i+1]--;                      /*高位减去借位数值*/
58.              c[i] +=10;                     /*加上借来的数值*/
59.          }
60.      }
61.      return c[alen-1] ?alen : (alen-1);    /*返回结果大整数的位数*/
62.  }
63.
64.  int main()
65.  {
66.      char s1[MAX], s2[MAX];                 /*大整数字符串*/
67.      int a[MAX], b[MAX], c[MAX];            /*大整数数组*/
68.      int alen, blen, clen;                  /*大整数的位数*/
69.      int i, n;                              /*循环相关变量*/
70.
71.      scanf("%d", &n);
72.      for (i=0; i<n; i++) {
73.          scanf("%s%s", s1, s2);             /*读入两个大整数字符串*/
74.          alen=str2bigint(s1, a);            /*把字符串 s1 转换为数组 a*/
75.          blen=str2bigint(s2, b);            /*把字符串 s2 转换为数组 b*/
76.          clen=sub_bigint(a, alen, b, blen, c);  /*计算 a-b,存放在 c 中*/
77.          print_bigint(c, clen);             /*输出计算结果*/
78.          printf("\n");                      /*每个结果换一行输出*/
79.      }
80.      return 0;
81.  }
```

程序说明

程序定义的函数 str2bigint 和 print_bigint 与大整数加法问题中的函数相同。

程序第 48~第 62 行定义函数 sub_bigint,实现基于数组的大整数减法运算。函数把按位相减和借位过程独立处理,不需要预先对数组 c 做初始化。程序第 51～第 54 行完成按位相减,对应的数组 c 不需要预先初始化。程序第 55～第 60 行完成按位借位处理,从低位到高位,对于所有小于 0 的位,向上一位借 10。因为只是两个整数间的减法,因而借 10 加到当前位上后,小于 0 的位上的数字数值就不再比 0 小了。最后,程序第 61 行尝试把减法结果可能的最高位 0(如果确实是 0 时)去掉,从而 c 的位数可能比 a 的位数少 1 位。

程序的主函数则通过循环处理多组输入数据,对每组数据,调用相应的函数完成减法运算,并输出计算结果。

习　　题

(请登录 PG 的开放课程完成习题)

12-1　石头剪子布

石头剪子布,是一种猜拳游戏。起源于中国,然后传到日本、朝鲜等地,随着亚欧贸易的不断发展它传到了欧洲,到了近现代逐渐风靡世界。简单明了的规则,使得石头剪子布没有任何规则漏洞可钻,单次玩法比拼运气,多回合玩法比拼心理博弈,使得石头剪子布这个古老的游戏同时用于"意外"与"技术"两种特性,深受世界人民喜爱。

游戏规则:石头打剪刀,布包石头,剪刀剪布。

现在,需要你写一个程序来判断石头剪子布游戏的结果。

输入包括 $N+1$ 行:第一行是一个整数 N,表示一共进行了 N 次游戏;接下来 N 行的每一行包括两个字符串,表示游戏参与者 Player1、Player2 的选择(石头、剪子或者是布):S1 S2;字符串之间以空格隔开,且 S1 和 S2 只可能取值在{"Rock","Scissors","Paper"}(大小写敏感)中。

输出包括 N 行,每一行对应一个胜利者(Player1 或者 Player2),或者游戏出现平局,则输出 Tie。

12-2　最长最短单词

输入 1 行单词(不多于 200 个单词),空格和逗号都是单词间的间隔,试输出第 1 个最长的单词和第 1 个最短的单词。

如果所有单词长度相同,那么第一个单词既是最长单词也是最短单词。

12-3　计算字符串中单词的个数

一个不包含空格的被加密的字符串中,有许多英文单词,这些单词被各种非英文字母分隔,这些非英文字母可能出现在字符串的开头、中间或尾部,并且个数是不一定的,例如"***??I???//like***c&*language","hello@world@@",计算这些字符串中单词的个数。

12-4　提取数字

输入一个字符串,长度不超过 30,内有数字字符和非数字字符,统计其中包含了多少个整数,并输出这样的整数。

12-5　行程长度编码

在数据压缩中,一个常用的途径是行程长度压缩。对于字符串而言,可以依次记录每个字符及重复的次数。这种压缩,对于相邻数据重复较多的情况比较有效。例如,如果待压缩串为"AAABBBBCBB",压缩结果是(A,3)(B,4)(C,1)(B,2)。当然,如果相邻字符重复情况较少,则压缩效率就较低。

现要求根据输入的字符串,得到大小写不敏感压缩后的结果。

12-6 回文子串

给定一个字符串,输出所有回文子串。回文子串即从左往右输出和从右往左输出结果是一样的字符串比如"abba"和"cccdeedccc"都是回文字符串。要查找的子串长度应该大于等于 2。

12-7 n-gram 串频统计

在文本分析中常用到 n-gram 串频统计方法,即统计相邻的 n 个单元(如单词、汉字、或者字符)在整个文本中出现的频率。假设有一个字符串,请以字符为单位按 n-gram 统计长度为 n 的子串出现的频度,并输出最高频度以及频度最高的子串。设定所给的字符串不多于 500 个字符,且 $1 < n < 5$。如果有多个子串频度最高,则根据其在序列中第一次出现的次序输出多个,每行输出一个,如果最高频度不大于 1,则输出 NO。

例如,$n=3$,所给的串是 abcdefabcd,则所有的 3-gram 是 abc、bcd、cde、def、efa、fab、abc、bcd。最后面的 cd 不足以形成 3-gram,则不考虑。这样,abc 和 bcd 都出现了 2 次,其余的只出现了 1 次,于是,输出结果应该是:

2
abc
bcd

12-8 单词翻转

输入一个句子(一行),将句子中的每一个单词翻转后输出。

12-9 478-3279

在美国,商家都喜欢用好记的电话号码。人们常用的方法就是把电话号码拼成一个便于记忆的词汇或者短语,比如你可以通过 Gino 比萨店的电话号码 301-GINO 来定比萨。另一个方法就是把电话号码分为成组的数字,比如你可以通过必胜客的电话"三个十":3-10-10-10 来定比萨。

一个 7 位电话号码的标准形式是×××-××××,如 123-4567。

通常,电话上的数字与字母的映射关系如下:

A,B,C 映射到 2
D,E,F 映射到 3
G,H,I 映射到 4
J,K,L 映射到 5
M,N,O 映射到 6
P,R,S 映射到 7
T,U,V 映射到 8
W,X,Y 映射到 9

Q 和 Z 并没有相关的映射。你的任务就是把一个 7 位电话号码转为标准的×××-××××格式,其中×表示数字。

12-10 选择你喜爱的水果

程序中保存了 7 种水果的名字，要求用户输入一个与水果有关的句子。程序在已存储的水果名字中搜索，以判断句子中是否包含 7 种水果的名称。如果包含，则用词组 Brussels sprouts 替换句子中出现的水果单词，并输出替换后的句子。如果句子中没有出现这些水果的名字，则输出"You must not enjoy fruit."。假设 7 种水果的名字为 apples、bananas、peaches、cherries、pears、oranges、strawberries。

12-11 除以 13

输入一个大于 0 的大整数 N，长度不超过 100 位，要求输出其除以 13 的整数除法得到的商和余数。

12-12 计算 2 的 N 次方

任意给定一个非负整数 $N(N \leqslant 100)$，计算 2 的 N 次方的值。提示：高精度计算。

12-13 大整数乘法

求两个不超过 200 位的非负整数的积。

第 13 章

查 找

本章主要介绍如何通过遍历待处理数据的方式查找问题解的方法。

13.1 求最大数

问题描述

给定一组互不相同的正整数,求其中的最大值。

关于输入

输入有两行:

第一行一个整数 n,表明下一行有多少个整数。

第二行 n 个整数,每个整数之间用一个空格分隔。

关于输出

输出有一行,即 n 个整数中的最大值。

例子输入

5
2 7 4 1 9

例子输出

9

解题思路

以第一个整数作为候选最大值和后续每个整数值比较,遇到更大的数值,则更新最大值,直到遍历完所有的整数。

程序 13-1

```
1.  #include <stdio.h>
2.
3.  int main()
4.  {
5.      int max, t;
6.      int i, n;
```

```
7.
8.      scanf("%d", &n);
9.      scanf("%d", &max);                  /* 首先读入第一个整数作为 max 候选值 */
10.
11.     for (i=1; i<n; i++) {               /* 然后循环 n-1 次 */
12.         scanf("%d", &t);                /* 读入剩余的 n-1 个整数 */
13.         if (t>max) {                    /* 如果整数值比 max 大 */
14.             max=t;                      /* 更新 max 的值 */
15.         }
16.     }
17.     printf("%d", max);                  /* 输出最大值 */
18.
19.     return 0;
20. }
```

思考题

是否可以给 max 赋初值为 0,删除第 9 行的输入语句,然后循环 n 次读入,比较并更新 max 值。

13.2 求最大最小值

问题描述

给定一组浮点数,求其中的最大值和最小值。

关于输入

输入共两行:

第一行一个整数 $n(n \geqslant 2)$。

第二行 n 个浮点数,每两个浮点数之间由一个空格分隔。

关于输出

输出只有一行,两个浮点数,第一个是最大值,第二个是最小值,两个浮点数之间用一个空格分隔。(注:浮点数使用%.5lf 的形式输出)。

例子输入

3
123.4 124.5 125.6

例子输出

125.60000 123.40000

提示

请使用双精度浮点数类型(double)。

解题思路 1

以第一个浮点数作为候选最大值和最小值和后续每个浮点数比较。遇到比当前最大值更大的浮点数,则更新最大值;遇到比当前最小值更小的浮点数,则更新最小值。直到遍历完所有的浮点数。

程序 13-2-1

```
1.  #include <stdio.h>
2.
3.  int main()
4.  {
5.      double max, min, t;
6.      int i, n;
7.
8.      scanf("%d", &n);
9.
10.     scanf("%lf", &t);                    /*读入第一个浮点数*/
11.     max=min=t;                           /*作为最大最小值的候选值*/
12.
13.     for (i=1; i<n; i++) {                /*循环读入后续的n-1个浮点数*/
14.         scanf("%lf", &t);
15.         if (t>max) {                     /*如果比当前最大值更大*/
16.             max=t;                       /*更新最大值*/
17.         }
18.         else if (t<min) {                /*否则,如果比当前最小值还小*/
19.             min=t;                       /*更新最小值*/
20.         }
21.     }
22.
23.     printf("%.5lf %.5lf", max, min);     /*按格式要求输出最大最小值*/
24.
25.     return 0;
26. }
```

思考题

程序第18行的else是否是必须的？它的作用是什么？这个程序执行过程中,最多会做多少次浮点数比较运算？

解题思路 2

还可以换一种思路来处理这个问题。每次读入两个浮点数,先比较两者的大小,再用较大的数和最大值比较并更新最大值,用较小的数比较并更新最小值。这种方式可以减少浮点数比较的次数,但程序更复杂一些。

程序 13-2-2

```
1.  #include <stdio.h>
2.
3.  int main()
4.  {
5.      double max, min, s, t;
```

```
6.      int i, n;
7.
8.      scanf("%d", &n);
9.      scanf("%lf", &t);              /*读入第一个浮点数*/
10.     max=min=t;                     /*作为最大最小值的候选值*/
11.
12.     for (i=1; i+1<n; i +=2) {      /*循环,每次读入两个浮点数*/
13.         scanf("%lf%lf", &s, &t);
14.         if (s>t) {                 /*比较两个浮点数大小*/
15.             if (s>max)             /*较大的浮点数比较并更新最大值*/
16.                 max=s;
17.             if (t<min)             /*较小的浮点数比较并更新最小值*/
18.                 min=t;
19.         }
20.         else {
21.             if (t>max)             /*较大的浮点数比较并更新最大值*/
22.                 max=t;
23.             if (s<min)             /*较小的浮点数比较并更新最小值*/
24.                 min=s;
25.         }
26.     }
27.
28.     if (i<n) {                     /*可能还有一个浮点数没有处理*/
29.         scanf("%lf", &t);
30.         if (t>max) {               /*如果比当前最大值更大*/
31.             max=t;                 /*更新最大值*/
32.         }
33.         else if (t<min) {          /*否则,如果比当前最小值还小*/
34.             min=t;                 /*更新最小值*/
35.         }
36.     }
37.
38.     printf("%.5lf %.5lf", max, min);
39.
40.     return 0;
41. }
```

程序说明

程序第12行的for语句的循环条件表达式 $i+1<n$ 表示至少还有两个可读取的浮点数。当 n 是偶数时,这个循环会留下最后一个浮点数未读取。因此程序第28行判断是否还剩下一个浮点数,对最后一个浮点数单独读入处理。

思考题

这个程序执行过程中,最多会做多少次浮点数比较运算?

13.3 求最大数和次大数

问题描述

写一个程序,它读入一系列的整数,最后输出其中最大的两个数。

关于输入

第一行输入一个大于 2 且小于 100 的整数,表示数列的长度。
此后每行输入数列的一项。

关于输出

输出应有两行,第一行输出最大的数,第二行输出次大的数。

例子输入

5
122
57
12
8
608

例子输出

608
122

解题思路

这道题可以想象成一个打擂台的过程,$m1$ 和 $m2$ 分别是当前的第一擂主和第二擂主,不断有新的选手 t 找他们挑战:

(1) 如果 t 打败了 $m1$,那么 t 就变成第一擂主,而 $m1$ 就变成第二擂主,$m2$ 被淘汰。
(2) 如果 t 只打败了 $m2$,那么 t 就变成第二擂主,$m1$ 仍是第一擂主,$m2$ 被淘汰。

还有一个问题,就是如何确定初始的 $m1$ 和 $m2$。这里可以使用最小整数值初始化 $m1$ 和 $m2$,后面遇到的任何整数的值都不比它们的初值小,必然会正确更新 $m1$ 和 $m2$ 的值。

程序 13-3

```
1.  #include <stdio.h>
2.
3.  #define MINIMUM_INT    (~((unsigned int)-1 >>1))
4.
5.  int main()
6.  {
7.      int n, i, t, m1, m2;
8.
9.      m1=m2=MINIMUM_INT;           /* 初始化 m1 和 m2 为最小整数值 */
10.
11.     scanf("%d", &n);
```

```
12.     for (i=0; i<n; i++) {
13.         scanf("%d", &t);
14.         if (t>m1) {              /*上述条件(1)*/
15.             m2=m1;
16.             m1=t;
17.         }
18.         else if (t>m2) {         /*上述条件(2)*/
19.             m2=t;
20.         }
21.     }
22.     printf("%d\n%d", m1, m2);
23.
24.     return 0;
25. }
```

思考题

程序第 3 行定义的宏 MINIMUM_INT 为最小整数,对应的表达式的值是最小的负整数。请结合补码知识,思考为什么它是最小的负整数?

13.4 最 大 商

问题描述

给一组数,前后相邻的两个数相除,前面的数作为被除数,后面的数作为除数,输出商最大的两个数及商的值。

关于输入

第一行为数组中浮点数的个数 $n(2 \leqslant n \leqslant 2000)$,其余 n 行为每一行一个非零浮点数。

关于输出

以下面的形式输出结果,前两个数是相除的两个数,最后一个数为最大的商值。

`printf("%f/%f=%f\n", a[maxi-1], a[maxi], maxq);`

例子输入

10
41.0
18467.0
6334.0
26500.0
19169.0
15724.0
11478.0
29358.0
26962.0
24464.0

例子输出

18467.000000/6334.000000=2.915535

提示

运算过程中应使用 double 类型的浮点数。

解题思路

模仿求数列最大值的算法,只要简单修改判断条件和记录的变量即可解决最大商问题。这题不需要使用数组,只要用两个变量记录下最近读入的两个数即可。

程序 13-4

```
1.  #include <stdio.h>
2.
3.  int main()
4.  {
5.      int n, i;                              /*循环相关变量*/
6.      double p, v;                           /*最近读入的两个浮点数*/
7.      double q, maxq;                        /*当前商与最大商*/
8.      double maxp, maxv;                     /*取得最大商时的两个数*/
9.
10.     scanf("%d", &n);
11.     scanf("%lf%lf", &maxp, &maxv);         /*读入最初的两个数做最大商候选*/
12.     maxq=maxp/maxv;                        /*计算最大商候选值*/
13.     p=maxv;                                /*p记录上次刚读过的数*/
14.
15.     for (i=2; i<n; i++) {
16.         scanf("%lf", &v);
17.         q=p/v;                             /*求当前的商*/
18.         if (q>maxq) {                      /*如果当前商更大,更新最大商*/
19.             maxp=p;
20.             maxv=v;
21.             maxq=q;
22.         }
23.         p=v;                               /*每次循环前,p总是记录上次刚读过的数*/
24.     }
25.
26.     printf("%f/%f=%f\n", maxp, maxv, maxq);        /*按格式输出结果*/
27.
28.     return 0;
29. }
```

程序说明

程序第 11 和第 12 行先读入两个数,以它们的商作为最大商的候选。因为有两个数已经被预先读取,因此程序第 15 行的 for 循环从 $i=2$ 开始,共循环 $n-2$ 次。程序第 26 行使用 %f 输出双精度浮点数,这种用法是可以的。

13.5　班级学生成绩总分

问题描述

一个班有 STUDENT_NUM 名学生。请你使用"结构类型"编写一个程序负责读取学生的 ID 号码和语文、数学成绩。然后计算每名同学的总分。按排名先后顺序输出总分排在前三位的同学的学号和总分。

关于输入

第一个数字为学生总数 n(n 大于等于 3 且小于 100 000)。

以后每 3 个数字代表一个学生的学号、语文成绩和数学成绩。

关于输出

每行一个学生,分别是排名前三的学生的学号和总成绩,学号和总成绩之间以空格相隔。

例子输入

```
10
1  78  82
2  78  92
3  87  89
4  84  86
5  87  81
6  92  89
7  90  76
8  94  81
9  79  88
10 86  88
```

例子输出

```
6  181
3  176
8  175
```

解题思路

求前三名可以采用求最大数次大数类似的方法,再增加一个变量记录第三名即可。

本题也不需要使用数组,逐个读入数据并处理即可。

程序 13-5

```
1.  #include <stdio.h>
2.
3.  int main()
4.  {
5.      int i, n;
6.      struct {
7.          int id, chi, math, sum;
```

```
8.        } s, s1, s2, s3;
9.
10.       s1.sum=s2.sum=s3.sum=-1;              /*初始化前三名总分*/
11.
12.       scanf("%d", &n);
13.       for (i=0; i<n; i++) {
14.           scanf("%d%d%d", &s.id, &s.chi, &s.math);
15.           s.sum=s.chi+s.math;               /*先计算出该学生的总分*/
16.
17.           if (s.sum>s1.sum) {               /*找到更高分学生,更新前三名*/
18.               s3=s2;
19.               s2=s1;
20.               s1=s;
21.           }
22.           else if (s.sum>s2.sum) {          /*找到次高分学生,更新二三名*/
23.               s3=s2;
24.               s2=s;
25.           }
26.           else if (s.sum>s3.sum) {          /*找到新的第三名,更新第三名*/
27.               s3=s;
28.           }
29.       }
30.
31.       printf("%d %d\n%d %d\n%d %d\n",
32.           s1.id, s1.sum, s2.id, s2.sum, s3.id, s3.sum);
33.
34.       return 0;
35.   }
```

程序说明

程序第6～第8行定义了一个学生结构及4个学生结构变量,结构把一个学生的信息都封装在一起作为一个整体。现在的C语言,一般都支持结构变量间的整体直接赋值,使更新前三名的程序书写起来非常简单。程序第10行用-1对前三名的总分初始化,这是基于学生总分不可能比0还小的常识而选取的恰当的最小值。

思考题

如果学生的总分可能是任意整数,你有什么办法给前三名的总分做合理的初始化?

如果把第17、第22和第26行上的大于号(＞)换成大于等于号(＞＝),程序的执行结果可能会有何不同?

13.6　数值统计分析

问题描述

分别统计一个数组中正数和负数的个数及所有元素值的总和,并找到绝对值最大和最小的两个元素。

关于输入

第一行是数组元素个数 $n(n \leqslant 100)$。

第二行是 n 个整数,整数间由空格分隔。

关于输出

依次输出数组中正、负数个数,数组总和,绝对值最大、最小的元素。

例子输入

```
6
20  -35  44  -2  79  12
```

例子输出

```
4
2
118
79
-2
```

解题思路

求和、计数正负数都非常简单。但找"绝对值最大、最小"的元素稍微有点复杂。由于要判断的是绝对值,而要输出的是原来的数,因此采用变量记录当前绝对值最大(小)的元素下标,而不是元素本身或其绝对值,这样比较合理。

程序 13-6

```
1.   #include <stdio.h>
2.
3.   #define SIZE     100                              /*数组最大长度*/
4.   #define ABS(a)   ((a)>0 ? (a) : -(a))             /*求数值a的绝的值*/
5.
6.   int main()
7.   {
8.       int i, n, t;
9.       int pos=0, neg=0, sum=0;
10.      int max=0, min=0;                             /*以首元素为最大最小候选*/
11.      int a[SIZE];
12.
13.      scanf("%d", &n);
14.      for (i=0; i<n; i++) {
15.          scanf("%d", &a[i]);
16.      }
17.
18.      for (i=0; i<n; i++) {                         /*循环遍历数组a*/
19.          t=a[i];
20.          sum +=t;                                  /*累加和*/
21.          if (t>0)
22.              pos++;                                /*遇到正数,相应计数加1*/
```

```
23.        else if (t<0)
24.            neg++;                    /*遇到负数,相应计数加1*/
25.        if (ABS(t)>ABS(a[max]))       /*是否绝对值更大*/
26.            max=i;                    /*更新最大绝对值元素的下标*/
27.        else if (ABS(t)<ABS(a[min]))  /*是否绝对值更小*/
28.            min=i;                    /*更新最小绝对值元素的下标*/
29.    }
30.
31.    printf("%d\n%d\n%d\n%d\n%d\n", pos, neg, sum, a[max], a[min]);
32.
33.    return 0;
34. }
```

程序说明

程序第 4 行定义了求绝对值的宏,它通过条件表达式实现。这使得在程序第 25 和第 27 行比较绝对值大小时,程序的可读性更好。

13.7 最远距离

问题描述

给定一组点 (x,y),求距离最远的两个点之间的距离。

关于输入

第一行是点数 n(n 大于等于 2)。
接着每一行代表一个点,由两个浮点数 x 和 y 组成,之间由空格分隔。

关于输出

输出一行是最远两点之间的距离。

例子输入

```
6
34.0  23.0
28.1  21.6
14.7  17.1
17.0  27.2
34.7  67.1
29.3  65.1
```

例子输出

```
53.8516
```

提示

注意在内部计算时最好使用 double 类型(为什么)。
使用 printf("%.4f\n", dis) 输出距离值并精确到小数点后 4 位。

解题思路

本题的本质仍然是一个求最大值问题。但与最大值问题的不同在于,最大值问题中待查找的数都是明确的,而最远距离要比较的是每一对点间的距离,这需要在程序中计算出来。如果把所有的点编号为 $0 \sim n-1$,则任何点对 $<i,j>$ 间的距离和点对 $<j,i>$ 间的距离是一样的,它是同一对点,只是在点对中出现的顺序不同而已。因此不失一般性,可以只检查那些满足关系 $j<i$ 的点对 $<i,j>$。基于这个认识,可以简化程序的输入及循环处理。

本题的编程中需要用到数组,但并没有指明最大数据量,因此最好采用动态数组。

程序 13-7

```
1.   #include <stdio.h>
2.   #include <math.h>
3.   #include <memory.h>
4.
5.   int main()
6.   {
7.       int n, i, j;
8.       double d, dx, dy;
9.       double maxd=0;                        /* 两点间的最小距离是 0,初始化 maxd 为 0 */
10.
11.      struct point {
12.          double x, y;
13.      } * pts;
14.
15.      scanf("%d", &n);
16.      pts= (struct point *)malloc(sizeof(struct point) * n);
17.
18.      /* 循环遍历所有点对,找出最远距离 */
19.      for (i=0; i<n; i++) {
20.          scanf("%lf%lf", &pts[i].x, &pts[i].y);
21.          /* 计算每一对满足 j<i 的点对<i, j>间的距离 */
22.          for (j=0; j<i; j++) {
23.              dx=pts[i].x-pts[j].x;          /* 计算 x 方向的差值 */
24.              dy=pts[i].y-pts[j].y;          /* 计算 y 方向的差值 */
25.              d=sqrt(dx*dx+dy*dy);           /* 平方和开根号即为距离 */
26.              if (d>maxd) {                  /* 如果 i 与 j 间的距离更大 */
27.                  maxd=d;                    /* 更新最远距离 */
28.              }
29.          }
30.      }
31.      printf("%.4lf", maxd);
32.
33.      free(pts);
34.      return 0;
35.  }
```

程序说明

程序中要使用定义在 math.h 中的 sqrt 函数和定义在 memory.h 中的 malloc 函数和

free 函数，因此要引入这两个头文件。在程序第 16 行调用 malloc 函数分配的动态数组，应该在程序结束前调用 free 函数释放给系统（第 33 行）。

思考题

这段程序中对 sqrt 函数的调用次数非常多（第 25 行在一个两重循环的内部）。请考虑一种方法，只调用一次 sqrt 函数，就能求得最远距离。

13.8 出书最多

问题描述

假定图书馆新进了 $m(10 \leqslant m \leqslant 999)$ 本图书，它们都是由 $n(2 \leqslant n \leqslant 26)$ 个作者独立或相互合作编著的。假设 m 本图书编号为整数（1～999），作者的姓名为字母（'A'～'Z'），请根据图书作者列表找出参与编著图书最多的作者和他的图书列表。

关于输入

第一行为所进图书数量 m，其余 m 行，每行是一本图书的信息，其中第一个整数为图书编号，接着一个空格之后是一个由大写英文字母组成的没有重复字符的字符串，每个字母代表一个作者。

关于输出

输出有多行：

第一行为出书最多的作者字母。

第二行为作者出书的数量。

其余各行为作者参与编著的图书编号（按输入顺序输出）。

例子输入

11
307 F
895 H
410 GPKCV
567 SPIM
822 YSHDLPM
834 BXPRD
872 LJU
791 BPJWIA
580 AGMVY
619 NAFL
233 PDJWXK

例子输出

P
6
410
567
822

```
       834
       791
       233
```

提示

输入数据保证仅有一个作者出书最多。

解题思路

求解这个问题最直接的方法是,遍历所有书籍,计算每个作者出书的数量,从中找出最大值,对应的作者就是出书最多的作者。而要列出该作者所出的所有书籍,则再遍历一遍所有书籍,依次查看出书最多的作者是否也是该书的作者。

由于作者的姓名都是 26 个大写字母中的一个,因此可以定义一个数组,每个 ASCII 码值都对应一个元素,自然就把 26 个作者的出书数目记录于其中了。

程序 13-8

```
1.  #include <stdio.h>
2.  #include <string.h>
3.
4.  #define MAX_M    999              /*最大图书数量*/
5.  #define MAX_N    26               /*最多作者人数*/
6.  #define ASCII    128              /*ASCII 字符总数*/
7.
8.  int main()
9.  {
10.     char ma='A';                  /*出书最多的作者*/
11.     int cnt[ASCII]={0};           /*作者出书数量数组*/
12.     int i, j, n;                  /*循环相关变量*/
13.
14.     struct {                      /*定义匿名结构*/
15.         int id;                   /*书的 id*/
16.         char au[MAX_N+1];         /*作者列表字符串*/
17.     } bk[MAX_M];                  /*书结构的数组*/
18.
19.     scanf("%d", &n);
20.     for (i=0; i<n; i++) {
21.         scanf("%d%s", &bk[i].id, bk[i].au);
22.         for (j=0; bk[i].au[j]; j++) {      /*遍历书的作者*/
23.             if (++cnt[bk[i].au[j]]>cnt[ma]) {  /*该作者出了最多的书?*/
24.                 ma=bk[i].au[j];            /*更新出书最多的作者*/
25.             }
26.         }
27.     }
28.
29.     printf("%c\n%d\n", ma, cnt[ma]);       /*输出作者及出书数*/
30.     for (i=0; i<n; i++) {                  /*遍历所有的书*/
31.         if (strchr(bk[i].au, ma)) {        /*判断是否为该书作者*/
```

```
32.            printf("%d\n", bk[i].id);           /*输出是作者的书籍编号*/
33.        }
34.    }
35.
36.    return 0;
37. }
```

程序说明

程序第 11 行定义记录作者出书数目的数组 cnt,采用简洁的初始化方式把所有元素的值都初始化为 0。程序第 10 行定义的变量 ma 用于记录出书最多的作者的名字字母,初值可以是任意一位作者。

程序第 31 行调用 strchr 判断字符 ma 是否出现在该书的作者字符串中。如果出现,返回值是该字符在字符串中出现位置的指针;如果未出现,则返回值为 NULL。

思考题

如果程序第 10 行对变量 ma 赋初值为 0,是否程序也能得到正确结果?为什么?

13.9 窗 口 管 理

问题描述

Windows 操作系统需要管理很多窗口,每个窗口都占据屏幕上的一个矩形区域。窗口的区域可以相互重叠,此时,上层的窗口会把下层的窗口遮挡住。一个窗口没有被其他任何窗口遮挡住的部分称为"可见区域"。

同时,Windows 还要响应用户的鼠标事件。如果用户在某个窗口的"可见区域"上单击鼠标,系统就要把这个事件通知对应的窗口。同时,如果该窗口目前不在最上层,就要"激活"它,使它成为最上层的窗口,而其他窗口间的遮挡关系则不受影响。如果鼠标单击没有落在任何窗口的区域内,则认为用户单击了"桌面",所有窗口的遮挡关系都不会变化。

你的任务就是模拟 Windows 的这个工作过程。

为了描述窗口的区域,需要引入"屏幕坐标系"的概念,屏幕坐标系的原点在屏幕的左上角,其坐标为 $(0,0)$,然后从左向右 x 的值递增,从上向下 y 的值递增。显然,屏幕的右下角具有最大的 (x,y) 坐标值。

因此,窗口的区域可以用一个四元组 (x,y,w,h) 表示。其中,x 和 y 表示窗口的左上角在"屏幕坐标系"中的坐标,而 w 和 h 则分别表示窗口的宽度和高度。类似"屏幕坐标系",对于每个窗口,都可以定义一个"窗口坐标系",该窗口的左上角在对应"窗口坐标系"中的坐标为 $(0,0)$,而其右下角在"窗口坐标系"中的坐标则为 $(w-1,h-1)$。

例如,一个窗口的区域为 $(2,3,2,3)$,则表示它在"屏幕坐标系"上占据了 $(2,3)$, $(3,3)$,$(2,4)$,$(3,4)$,$(2,5)$,$(3,5)$ 这 6 个点,而在它的"窗口坐标系"则包括 $(0,0)$,$(1,0)$, $(1,0)$,$(1,1)$,$(2,0)$,$(2,1)$ 这 6 个点。

关于输入

输入数据的第一行是两个正整数 n 和 m,表示共有 n 个窗口和 m 次鼠标单击操作 ($n \leqslant 1000$,$m \leqslant 10\,000$)。

接下去的 n 行依次表示 n 窗口，每行有 5 个整数 id, x,y,w,h。其中,id 是这个窗口的标识；x,y,w,h 分别表示该窗口在"屏幕坐标系"中的坐标、宽度和高度。这 n 个窗口是严格按照遮挡顺序给出的，例如第 1 个给出的窗口位于最顶层，而第 n 个给出的窗口位于最底层。

接下去的 m 行依次表示 m 次鼠标单击，每行有 2 个整数 x 和 y，表示单击时鼠标指针在"屏幕坐标系"中的坐标。

关于输出

你的输出应该有 m 行，每行都对应输入数据中的一次鼠标单击。如果该鼠标单击没有落在任何窗口的区域内，则只需输出"desktop!"即可。

否则，对于每次单击，要输出三个整数：id, x,y，分别表示被单击的窗口标识、单击时鼠标指针在该窗口的"窗口坐标系"中的(x,y)坐标。

例子输入

```
2 7
1 1 2 4 3
2 4 3 3 4
1 2
4 4
5 5
4 4
0 0
2 4
4 3
```

例子输出

```
1 0 0
1 3 2
2 1 2
2 0 1
desktop!
1 1 2
1 3 1
```

解题思路

每次从上到下依次测试每个窗口，看看鼠标指针坐标是否在它的区域内，第一个满足条件的窗口一定是没有被完全覆盖的，把它移动到最上层。

程序 13-9

```
1.  #include <stdio.h>
2.
3.  #define MAX      10000
4.
5.  int main()
6.  {
```

```
7.      struct {
8.          int id, x, y, w, h;
9.      } wins[MAX], t;
10.
11.     int n, m, i, j, x, y;
12.
13.     scanf("%d", &n);
14.     scanf ("%d", &m);
15.
16.     for (i=0; i<n; i++) {                  /* 读入每个窗口 */
17.         scanf("%d%d%d%d%d", &wins[i].id,
18.             &wins[i].x, &wins[i].y, &wins[i].w, &wins[i].h);
19.     }
20.
21.     for (i=0; i<m; i++) {                  /* 读入并处理每次鼠标单击 */
22.         scanf("%d%d", &x, &y);
23.         for (j=0; j<n; j++) {              /* 从上到下测试每个窗口 */
24.             if ((x>=wins[j].x) &&
25.                 (y>=wins[j].y) &&
26.                 (x<wins[j].x+wins[j].w) &&
27.                 (y<wins[j].y+wins[j].h)) {
28.                 break;                     /* 单击到 j 号窗口 */
29.             }
30.         }
31.         if (j<n) {                         /* j<n 时单击在 j 号窗口上 */
32.             t=wins[j];
33.             printf("%d %d %d\n", t.id, x-t.x, y-t.y);
34.             for (j; j>0; j--) {            /* 把 j 号窗口移到最上层 */
35.                 wins[j]=wins[j-1];
36.             }
37.             wins[0]=t;
38.         }
39.         else {
40.             printf("desktop!\n");          /* 未单击到窗口上 */
41.         }
42.     }
43.
44.     return 0;
45. }
```

思考题

测试每个窗口和把窗口移动到最上层这两个过程,哪个过程可以被优化,使操作次数最少?

习   题

（请登录 PG 的开放课程完成习题）

13-1 输出最高分数的姓名

输入学生的人数，然后再输入他们的分数和姓名，求获得最高分数同学的姓名。

13-2 最大值和最小值的差

输出一个整数序列中最大的数和最小的数的差。

13-3 电池的寿命

小 S 新买了一个掌上游戏机，这个游戏机由两节 5 号电池供电。为了保证能够长时间玩游戏，他买了很多 5 号电池，这些电池的生产商不同，质量也有差异，因而使用寿命也有所不同，有的能使用 5 个小时，有的可能就只能使用 3 个小时。显然如果他只有两个电池一个能用 5 小时一个能用 3 小时，那么他只能玩 3 个小时的游戏，有一个电池剩下的电量无法使用，但是如果他有更多的电池，就可以更加充分地利用它们，比如他有 3 个电池分别能用 3、3、5 小时，他可以先使用两节能用 3 个小时的电池，使用半个小时后再把其中一个换成能使用 5 个小时的电池，两个半小时后再把剩下的一节电池换成刚才换下的电池（那个电池还能用 2.5 个小时），这样总共就可以使用 5.5 个小时，没有一点浪费。

现在已知电池的数量和电池能够使用的时间，请你找一种方案使得使用时间尽可能的长。

13-4 不与最大数相同的数字之和

输出一个整数数列中不与最大数相同的数字之和。注意：最大数可能出现多次。

13-5 与指定数字相同的数的个数

输出一个整数序列中与指定数字相同的数的个数。

13-6 出现次数超过一半的数

给出一个含有 n 个整数的数组，请找出其中出现次数超过一半的数（n≤1000）。数组中的数大于−50 且小于 50。如果存在这样的数，输出这个数；否则输出 no。

13-7 字符串中最长的连续出现的字符

求一个字符串中最长的连续出现的字符，输出该字符及其出现次数，字符串中无空白字符（空格、回车和 Tab），如果这样的字符不止一个，则输出第一个。

13-8 找第一个只出现一次的字符

给定 t 个字符串，这个字符串只可能由 26 个小写字母组成。请你找到第一个仅出现一次的字符，如果没有符合要求的字符，就输出 no。

13-9 输出不重复的数字

输入 n 个整数（n 由用户输入），每个整数的范围在 10~100 之间。

按照输入顺序输出这些整数，以空格分隔；如有重复的数，只输出重复数字中最先输入的那一个。

13-10 第二个重复出现的数

给定一个正整数数组（元素的值都大于零），输出数组中第二个重复出现的正整数，如果没有，则输出字符串"NOT EXIST"。

13-11 挑选序列

给出了若干行非负整数序列，请选择最大值所在的序列，按输入原样输出该序列。如果最大值出现在多个序列，则只输出最大值最后出现的序列。

假设：每个序列中至少有 1 个整数，至多 300 个整数，每个整数的长度不超过 3 位。

13-12 白细胞计数

医院采样了某临床病例治疗期间的白细胞数量样本 n 份，用于分析某种新抗生素对该病例的治疗效果。为了降低分析误差，要先从这 n 份样本中去除一个数值最大的样本和一个数值最小的样本，然后将剩余 $n-2$ 个有效样本的平均值作为分析指标。同时，为了观察该抗生素的疗效是否稳定，还要给出该平均值的误差，即所有有效样本（即不包括已扣除的两个样本）与该平均值之差的绝对值的最大值。

现在请你编写程序，根据提供的 n 个样本值，计算出该病例的平均白细胞数量和对应的误差。输出为两个浮点数，中间用空格间隔。分别为平均白细胞数量和对应的误差，单位也是 $10^9/L$。计算结果需保留 2 位小数。

13-13 受限时间内的最小通行费

一个商人穿过一个 $N \times N$ 的正方形的网格，去参加一个非常重要的商务活动。从一个角进，从相对的另一个角出。每穿越中间 1 个小方格，都要花费 1 个单位时间。商人必须在 $(2N-1)$ 个单位时间穿越出去。在经过中间的每个小方格时，都需要缴纳一定的费用。这个商人期望在规定时间内用最少费用穿越出去。假定从左上角进，右下角出，至少需要多少费用？

注意：不能对角穿越各个小方格（即只能行号或列号之一增减 1）。

如：

```
5
1   4   6   8   10
2   5   7   15  17
6   8   9   18  20
10  11  12  19  21
20  23  25  29  33
```

最小值为 109＝1＋2＋5＋7＋9＋12＋19＋21＋33。

第 14 章 排　序

本章主要介绍几种简单的排序算法，并介绍如何利用排序处理实际问题。

14.1　按顺序输出

问题描述
输入 3 个整数，要求按从大到小的顺序输出它们。
关于输入
一行，包括 3 个整数，以空格分隔。
关于输出
一行，包括 3 个整数，按从大到小排列，以空格分隔。
例子输入

1 4 4

例子输出

4 4 1

解题思路
用 3 次比较和最多 3 次交换即可对 3 个数排序。
程序 14-1

```
1.  #include <stdio.h>
2.
3.  int main()
4.  {
5.      int a, b, c, t;
6.      scanf("%d%d%d", &a, &b, &c);
7.      if (a<b) {                              /*先比较前两个数*/
8.          t=a; a=b; b=t;                      /*逆序时交换两者*/
9.      }
10.     if (b<c) {                              /*再比较后两个数*/
11.         t=b; b=c; c=t;                      /*逆序时交换两者*/
```

```
12.    }
13.    if (a<b) {                          /*最后再次比较前两个数*/
14.        t=a; a=b; b=t;                  /*逆序时交换*/
15.    }
16.    printf("%d %d %d", a, b, c);        /*已排好序,输出*/
17.    return 0;
18. }
```

思考题

是否存在比该算法比较次数更少的排序方法对3个数排序?

14.2 整数排序

问题描述

给定一组整数,按整数值从小到大的顺序输出。

关于输入

输入有多行:

第一行一个整数 $n(0<n<100)$。

其后 n 行,每行有一个整数。

关于输出

输出有 n 行:

每行一个整数,按从小到大的顺序输出。

例子输入

5
5
3
4
2
1

例子输出

1
2
3
4
5

解题思路——冒泡排序

排序是一个非常基本和重要的问题,许多问题的求解过程都蕴含着排序。冒泡排序算法通过交换相邻逆序元素的方法多趟扫描数组,每次都能把剩余部分中的最大数交换到最后的位置,从而确定这个数排序后的位置,直到把所有的数都交换到排序后的位置。

程序 14-2-1

```c
1.  #include <stdio.h>
2.
3.  #define MAX 100                              /*整数最大个数*/
4.
5.  void bubble_sort(int a[], int n)             /*冒泡排序函数*/
6.  {
7.      int i, k, t;
8.      for (k=n-1; k>0; k--) {                  /*做 n-1 次冒泡过程*/
9.          for (i=0; i<k; i++) {                /*每次从前向后遍历可能逆序的部分*/
10.             if (a[i]>a[i+1]) {               /*每发现一组相邻的逆序元素,交换*/
11.                 t=a[i];
12.                 a[i]=a[i+1];
13.                 a[i+1]=t;
14.             }
15.         }
16.     }
17. }
18.
19. int main()
20. {
21.     int a[MAX];
22.     int i, n;
23.
24.     scanf("%d", &n);
25.     for (i=0; i<n; i++) {                    /*循环读入数组*/
26.         scanf("%d", &a[i]);
27.     }
28.
29.     bubble_sort(a, n);                       /*调用冒泡排序函数排序*/
30.
31.     for (i=0; i<n; i++) {
32.         printf("%d\n", a[i]);                /*循环输出排序后的数组*/
33.     }
34.
35.     return 0;
36. }
```

程序说明

程序第 5~第 17 行定义冒泡排序函数 bubble_sort。在第 9~第 14 行的内层循环中,每次循环开始前,存在循环不变式"$a[i]$ 是 $a[0..i]$ 中最大的元素"。在第 8~第 15 行的外层循环中,每次循环开始前,存在循环不变式"$a[k..n-1]$ 部分是已经排好序的"。可以证明,冒泡排序法能正确对数组 a 中的 n 个元素排序。

解题思路——选择排序

选择排序算法通过每次选出一个最小的元素,直到把所有的元素都选出后,完成排序。

程序 14-2-2

```
1.  #include <stdio.h>
2.
3.  #define MAX 100                              /*整数最大个数*/
4.
5.  void select_sort(int a[], int n)             /*选择排序函数*/
6.  {
7.      int i, j, k, t;
8.      for ( i=0; i<n; i++) {                   /*做 n 次选择过程*/
9.          k=i;
10.         for ( j=i+1; j<n; j++) {             /*每次找到剩余数中的最小元素*/
11.             if (a[j]<a[k]) {
12.                 k=j;
13.             }
14.         }
15.         if ( k!=i) {                         /*如果最小元素不在下标 i 处,交换*/
16.             t=a[k];
17.             a[k]=a[i];
18.             a[i]=t;
19.         }
20.     }
21. }
22.
23. int main()
24. {
25.     int a[MAX];
26.     int i, n;
27.
28.     scanf("%d", &n);
29.     for (i=0; i<n; i++) {                    /*循环读入数组*/
30.         scanf("%d", &a[i]);
31.     }
32.
33.     select_sort(a, n);                       /*调用选择排序函数排序*/
34.
35.     for (i=0; i<n; i++) {
36.         printf("%d\n", a[i]);                /*循环输出排序后的数组*/
37.     }
38.
39.     return 0;
40. }
```

程序说明

程序第 5～第 21 行定义选择排序函数 select_sort。第 10～第 14 行的内层循环中,每次循环开始前,存在循环不变式"$a[k]$ 是 $a[i..j-1]$ 中最小的元素"。第 15～第 19 行的执行把最小的元素交换到 $a[i]$ 位置。这样,对于外层循环,每次循环开始前,存在循环不变式"$a[0..i]$ 部分是已经排好序的"。可以证明,选择排序法能正确对数组 a 中的 n 个元素排序。

解题思路——插入排序

插入排序算法通过每次把一个元素插入到前面已经排好序的部分中,直到把所有的元素都插入为止。

程序 14-2-3

```
1.  #include <stdio.h>
2.
3.  #define MAX 100                              /* 整数最大个数 */
4.
5.  void insert_sort(int a[], int n)             /* 插入排序函数 */
6.  {
7.      int i, j, k, t;
8.      for (k=1; k<n; k++) {                    /* 做 n-1 次插入过程 */
9.          t=a[k];                              /* 暂存 a[k] 的值 */
10.         for (i=k-1; i>=0; i--) {             /* 从后向前找 a[k] 的插入位置 */
11.             if (a[i]>t) {                    /* 如果 a[i] 比 a[k] 大 */
12.                 a[i+1]=a[i];                 /* 将其向后移动一个位置 */
13.             }
14.             else break;                      /* 否则找到插入位置,中断循环 */
15.         }
16.         a[i+1]=t;                            /* 位置 i+1 是 a[k] 应插入的位置 */
17.     }
18. }
19.
20. int main()
21. {
22.     int a[MAX];
23.     int i, n;
24.
25.     scanf("%d", &n);
26.     for (i=0; i<n; i++) {                    /* 循环读入数组 */
27.         scanf("%d", &a[i]);
28.     }
29.
30.     insert_sort(a, n);                       /* 调用插入排序函数排序 */
31.
32.     for (i=0; i<n; i++) {
33.         printf("%d\n", a[i]);                /* 循环输出排序后的数组 */
```

```
34.     }
35.
36.     return 0;
37. }
```

程序说明

程序第 5~第 18 行定义选择排序函数 insert_sort。通过第 10~第 15 行的内层循环找到 a[k]要插入的位置,外层循环在每次循环开始前,存在循环不变式"a[0..k−1]部分是已经排好序的"。可以证明,插入排序法能正确对数组 a 中的 n 个元素排序。

14.3　谁考了第 k 名

问题描述

在一次考试中,每个学生的成绩都不相同,现知道了每个学生的学号和成绩,求考第 k 名学生的学号和成绩。

关于输入

第一行有两个整数,学生的人数 n(1≤n≤100),和求第 k 名学生的 k(1≤k≤n)。

其后有 n 行数据,每行包括一个学号(整数)和一个成绩(浮点数),中间用一个空格分隔。

关于输出

输出第 k 名学生的学号和成绩,中间用空格分隔。

注意:请用%g 输出成绩。

例子输入

```
5 3
90788001 67.8
90788002 90.3
90788003 61
90788004 68.4
90788005 73.9
```

例子输出

```
90788004 68.4
```

解题思路

如果对学生按成绩从高到低排序,则第 k 个学生就是第 k 名。可以采用插入排序、选择排序或冒泡排序的方法对学生按成绩排序,然后输出第 k 名学生。特别地,适当改造冒泡排序算法,可以在找到第 k 名时结束循环,能更快地找到第 k 名学生。

程序 14-3

```
1. #include <stdio.h>
2.
3. #define MAX 100                    /*最大学生人数*/
4.
```

```
5.   int main()
6.   {
7.       int n, k, i, j, m;
8.       struct {
9.           int id;
10.          float sc;
11.      } a[MAX], t;
12.
13.      scanf("%d%d", &n, &k);
14.      for (i=0; i<n; i++) {
15.          scanf("%d%f", &a[i].id, &a[i].sc);
16.      }
17.
18.      for (i=0; i<k; i++) {                    /*冒泡法找到前 k 名*/
19.          for (j=n-1; j>i; j--) {              /*每次冒泡得到第 i 名*/
20.              if (a[j].sc>a[j-1].sc) {         /*逆序时交换*/
21.                  t=a[j];
22.                  a[j]=a[j-1];
23.                  a[j-1]=t;
24.              }
25.          }
26.      }
27.
28.      printf("%d %g\n", a[k-1].id, a[k-1].sc);
29.      return 0;
30.  }
```

思考题

对于此问题,用冒泡排序、选择排序或插入排序都能找到正确的第 k 名。如果学生的成绩相同,上述 3 种方法哪些不能用于排序查找第 k 名?为什么?

14.4 小白鼠排队

问题描述

N 只小白鼠($1<N<100$),每只头上戴着一顶有颜色的帽子。现在称出每只白鼠的重量,要求按照白鼠重量从大到小的顺序输出它们头上帽子的颜色。帽子的颜色用"red","blue"等字符串来表示。不同的小白鼠可以戴相同颜色的帽子。白鼠的重量用整数表示。

关于输入

输入第一行为一个整数 N,表示小白鼠的数目。

下面有 N 行,每行是一只白鼠的信息。第一个为不大于 100 的正整数,表示白鼠的重量;第二个为字符串,表示白鼠的帽子颜色,字符串长度不超过 10 个字符。

注意:白鼠的重量各不相同。

关于输出

N 行, 按照白鼠的重量从大到小的顺序输出白鼠的帽子颜色, 每行一个颜色。

例子输入

```
3
30  red
50  blue
40  green
```

例子输出

```
blue
green
red
```

解题思路

可以模仿选择排序的过程, 但是每次找到最大值后不需要交换, 直接输出即可。

程序 14-4

```
1.  #include <stdio.h>
2.
3.  #define MAX      100                       /*最大白鼠数量*/
4.  #define COLOR 10                           /*最大颜色字符串长度*/
5.
6.  int main()
7.  {
8.      int n, i, j, m;
9.      struct {
10.         int w;
11.         char c[COLOR+1];
12.     } a[MAX], t;
13.
14.     scanf("%d", &n);
15.     for (i=0; i<n; i++) {
16.         scanf("%d%s", &a[i].w, a[i].c);
17.     }
18.
19.     for (i=0; i<n; i++) {                  /*每次都找 a[i..n-1]的最大值*/
20.         m=i;
21.         for (j=i+1; j<n; j++) {
22.             if (a[j].w>a[m].w) {
23.                 m=j;
24.             }
25.         }
26.         puts(a[m].c);                      /*输出最大值白鼠的颜色*/
27.         a[m]=a[i];                         /*并用 a[i]替换 a[m]*/
28.     }
```

```
29.
30.        return 0;
31. }
```

思考题

为什么程序的第 27 行可以用替换而不用交换?

14.5　小明的药物动力学名词词典

问题描述

小明收集了一些药物动力学名词,请设计一个程序,帮助小明把这些名词按字母顺序排列成一个词典。

关于输入

输入第一行为整数 $n(n \leqslant 100)$,表示小明收集的名词数量,其后 n 行每行一个名词字符串,字符串中间没有空格或其他空白字符,并且其长度小于 100。

关于输出

按单词字典顺序输出所有名词,一个名词一行。

例子输入

```
5
partition_coefficint
gastric_emptying
absorption
perfusion_rate
enantiomer
```

例子输出

```
absorption
enantiomer
gastric_emptying
partition_coefficint
perfusion_rate
```

提示

使用 strcmp(str1,str2) 来比较 2 个单词的字母顺序大小。

使用 strcpy(dest,src) 把字符串 src 复制到 dest 中。

注意,这两个函数都在 string.h 中。

解题思路 1

首先把单词排序,再按顺序输出。比较单词大小用 strcmp 函数,交换单词用 strcpy 函数。

程序 14-5-1

```
1.  #include <stdio.h>
2.  #include <string.h>
```

```
3.
4.  #define MAX    100                     /*最大单词数量*/
5.  #define LEN    99                      /*最大单词长度*/
6.  int main()
7.  {
8.      int i, j, m, n;
9.      char words[MAX][LEN+1];             /*单词数组*/
10.     char t[LEN+1];                      /*字符数组临时变量*/
11.
12.     scanf("%d", &n);
13.     for (i=0; i<n; i++) {               /*读入每个单词*/
14.         scanf("%s", words[i]);
15.     }
16.
17.     for (i=0; i<n; i++) {               /*选择排序*/
18.         m=i;
19.         for (j=i+1; j<n; j++) {
20.             if (strcmp(words[j], words[m])<0) {
21.                 m=j;
22.             }
23.         }
24.         if (m!=i) {                     /*用strcpy交换单词*/
25.             strcpy(t, words[i]);
26.             strcpy(words[i], words[m]);
27.             strcpy(words[m], t);
28.         }
29.     }
30.
31.     for (i=0; i<n; i++) {               /*输出排序结果*/
32.         printf("%s\n", words[i]);
33.     }
34.
35.     return 0;
36. }
```

解题思路 2

实际上也可以不使用 strcpy 交换单词,因为每个单词都是一个字符串,如果维护一个字符指针数组,每个指针指向一个单词字符串,则可以对单词的指针排序。

程序 14-5-2

```
1.  #include <stdio.h>
2.  #include <string.h>
3.
4.  #define MAX    100                     /*最大单词数量*/
5.  #define LEN    99                      /*最大单词长度*/
6.
```

```
7.   int main()
8.   {
9.       int i, j, m, n;
10.      char words[MAX][LEN+1];              /*单词数组*/
11.      char * idx[MAX], * t;                /*指向字符串的字符指针*/
12.
13.      scanf("%d", &n);
14.      for (i=0; i<n; i++) {                /*读入每个单词*/
15.          scanf("%s", words[i]);
16.          idx[i]=words[i];                 /*字符指针指向单词*/
17.      }
18.
19.      for (i=0; i<n; i++) {                /*选择排序*/
20.          m=i;
21.          for (j=i+1; j<n; j++) {
22.              if (strcmp(idx[j], idx[m])<0) {
23.                  m=j;
24.              }
25.          }
26.          if (m !=i) {                     /*交换单词指针*/
27.              t=idx[i];
28.              idx[i]=idx[m];
29.              idx[m]=t;
30.          }
31.      }
32.
33.      for (i=0; i<n; i++) {                /*输出排序结果*/
34.          printf("%s\n", idx[i]);
35.      }
36.
37.      return 0;
38.  }
```

思考题

如果要求比较单词时忽略大小写，该如何改造程序？

14.6 细菌实验分组

问题描述

有一种细菌分为 A、B 两个亚种，它们的外在特征几乎完全相同，仅仅在繁殖能力上有显著差别，A 亚种繁殖能力非常强，B 亚种的繁殖能力很弱。在一次为时一个小时的细菌繁殖实验中，实验员由于疏忽把细菌培养皿搞乱了，请你编写一个程序，根据实验结果，把两个亚种的培养皿重新分成两组。

关于输入

输入有多行,第一行为整数 $n(n\leqslant 100)$,表示有 n 个培养皿。

其余 n 行,每行有 3 个整数,分别代表培养皿编号、试验前细菌数量、试验后细菌数量。

关于输出

输出有多行:

第一行输出 A 亚种培养皿的数量,其后每行输出 A 亚种培养皿的编号,按繁殖率升序排列。

然后一行输出 B 亚种培养皿的数量,其后每行输出 B 亚种培养皿的编号,也按繁殖率升序排列。

例子输入

```
5
1  10  3456
2  10  5644
3  10  4566
4  20  234
5  20  232
```

例子输出

```
3
1
3
2
2
5
4
```

提示

亚种内部,细菌繁殖能力差异远远小于亚种之间细菌繁殖能力的差异。也就是说,亚种间任何两组细菌的繁殖率之差都比亚种内部两组细菌的繁殖率之差大。

解题思路

用实验前后的细菌数量可以求出细菌的繁殖率,根据繁殖率升序对培养皿排序。然后找相邻培养皿间繁殖率之差最大值出现的位置,从此处可以把两个亚种的培养皿分开。根据题目要求,先输出后面繁殖率高的 A 亚种,再输出前面繁殖率低的 B 亚种。

程序 14-6

```
1.  #include <stdio.h>
2.
3.  #define MAX    100
4.
5.  int main()
6.  {
7.      struct {
8.          int id;
```

```
9.          double rate;                                    /*只记录繁殖率即可*/
10.     } a[MAX], t;
11.
12.     int i, j, n, m, pre, post;
13.     double mdelta=0, delta;
14.
15.     scanf("%d", &n);
16.     for (i=0; i<n; i++) {
17.         scanf("%d%d%d", &a[i].id, &pre, &post);
18.         a[i].rate=post/(double)pre;                      /*计算繁殖率*/
19.     }
20.
21.     /*根据繁殖率升序关系,对培养皿做选择排序*/
22.     for (i=0; i<n; i++) {
23.         m=i;
24.         for (j=i+1; j<n; j++) {
25.             if (a[j].rate>a[m].rate) {
26.                 m=j;
27.             }
28.         }
29.         if (m !=i) {
30.             t=a[m];
31.             a[m]=a[i];
32.             a[i]=t;
33.         }
34.     }
35.
36.     /*找到相邻两个培养皿繁殖率差值最大的位置*/
37.     for (i=1; i<n; i++) {
38.         delta=a[i-1].rate-a[i].rate;
39.         if (delta>mdelta) {
40.             m=i;
41.             mdelta=delta;
42.         }
43.     }
44.
45.     /*先输出繁殖率高的A亚种*/
46.     printf("%d\n", m);
47.     for (i=m-1; i>=0; i--) {
48.         printf("%d\n", a[i].id);
49.     }
50.
51.     /*再输出繁殖率低的B亚种*/
52.     printf("%d\n", n-m);
53.     for (i=n-1; i>=m; i--) {
```

```
54.         printf("%d\n", a[i].id);
55.     }
56.     return 0;
57. }
```

思考题

如果不要求按顺序输出培养皿编号,只要求得到两个亚种培养皿各自的数量,你能找到一种不需要排序的算法来解决这个问题吗?

习　　题

(请登录 PG 的开放课程完成习题)

14-1　成绩排序

给出班里某门课程的成绩单,请你按成绩从高到低对成绩单排序输出,如果有相同分数则名字字典序小的在前。每行包含名字和分数两项,之间有一个空格。

14-2　字符排序

编写程序,对给定的字符串按如下的条件进行排序,并输出排序后的结果。

条件:从字符串中间一分为二,左边部分按字符的 ASCII 值降序排序,右边部分保持不变,然后将左边部分与右边部分进行交换。如果原字符串长度为奇数,则最中间的字符不参加处理,字符仍放在原位置上。

14-3　奇数单增序列

给定一个长度为 $N(N<500)$ 的正整数序列,请将其中的所有奇数取出,并按增序输出。

14-4　距离排序

给出三维空间中的 n 个点(不超过 10 个),求出 n 个点两两之间的距离,并按距离由大到小依次输出两个点的坐标及它们之间的距离。

对于大小为 n 的输入数据,输出 $n(n-1)/2$ 行格式如下的距离信息:

$$(x1,y1,z1)-(x2,y2,z2)=距离$$

其中距离保留到数点后面 2 位。

14-5　输出前 k 大的数

给定一个数组,统计前 k 大的数并且把这 k 个数从大到小输出。

14-6　病人排队

病人登记看病,编写一个程序,将登记的病人按照以下原则排出看病的先后顺序:

1. 年龄≥60 岁的老年人比其他人优先看病。
2. 老年人又按年龄从大到小的顺序看病,年龄相同的按登记的先后顺序排序。
3. 如果病人年龄<60 岁,则按登记的先后顺序排序。

输入的第一行为一个小于 100 的正整数,表示病人的个数;后面按照病人登记的先后顺序,每行输入一个病人的信息,包括一个长度小于 10 的字符串表示病人的 ID(每个病人的 ID 各不相同),一个整数表示病人的年龄。

按排好的看病顺序每行输出一个病人的 ID。

14-7　合影效果

小云和朋友们去爬香山，为美丽的景色所陶醉，想合影留念。如果他们站成一排，男生全部在左（从拍照者的角度），并按照从矮到高的顺序排；女生全部在右，并按照从高到矮的顺序排，请问他们合影的效果是什么样的（所有人的身高都不同）？

输入第一行是人数 $n(2\leqslant n\leqslant 40$，且至少有 1 个男生和 1 个女生）；后面紧跟 n 行，每一行输入一个人的性别（male 或 female）和身高（浮点数，单位 m），两个数据之间以空格分隔。

输出一行 n 个浮点数，模拟站好队后，拍照者眼中每个人的身高。每个浮点数需保留两位小数。每两个数之间用一个空格分隔。

14-8　区间合并

给定 n 个闭区间 $[a_i; b_i]$，其中 $i=1,2,\cdots,n$。这些区间可以用一组不间断的闭区间表示。我们的任务是找出这些区间是否可以用一个不间断的闭区间表示，如果可以的话将这个最小的闭区间输出，否则输出 no。

14-9　找和为 K 的两个元素

在一个长度为 $n(n<1000)$ 的整数序列中，判断是否存在某两个元素之和为 k。如果存在某两个元素的和为 k，则输出 yes，否则输出 no。

第15章 递归、回溯及动态规划

本章介绍如何用递归、回溯及动态规划等方法求解实际的问题。

15.1 求 阶 乘

问题描述

给定整数 n,求 n 的阶乘。

关于输入

一个整数 n(n 的阶乘在整型 int 所能表达的整数范围内)。

关于输出

一个整数,n 的阶乘值。

例子输入

3

例子输出

6

提示

要求用函数递归调用方式实现。

解题思路

最简单的求阶乘的方法是把 $1\sim n$ 的整数值累积相乘,得到最后结果。但这里要求用函数递归调用方式实现。已知 $n!=n(n-1)(n-2)\cdots1=n(n-1)!$,基于此可以写出关于阶乘的递归函数 $f(n)=nf(n-1),f(1)=1$。

程序 15-1

```
1.  #include <stdio.h>
2.
3.  int f(int n)                        /*递归求阶乘函数*/
4.  {
5.      if (n>1) {
6.          return n * f(n-1);          /*递归为一个 n-1 的阶乘问题*/
```

```
7.    }
8.    if (n==1) {                        /* 递归终止条件 */
9.        return 1;
10.   }
11.   return 0;                          /* 参数无效时返回 0 */
12. }
13.
14. int main()
15. {
16.   int n;
17.   scanf("%d", &n);
18.   printf("%d", f(n));                 /* 调用 f(n) 求 n 的阶乘 */
19.   return 0;
20. }
```

程序说明

编写递归函数时，需要注意两点：一是应递归为规模更小的子问题；二是一定要有递归终止条件。

15.2 排队游戏

问题描述

幼儿园老师安排小朋友做一个排队的游戏。首先老师精心地把数目相同的小男孩和小女孩编排在一个队列中，每个小孩按其在队列中的位置发给一个编号（编号从 0 开始）。然后老师告诉小朋友，站在前边的小男孩可以和他后边相邻的小女孩手拉手离开队列，剩余的小朋友重新站拢，再按前后相邻的小男孩小女孩手拉手离开队列游戏，如此往复。由于教师精心的安排，恰好可以保证每两个小朋友都能手拉手离开队列，并且最后离开的两个小朋友是编号最小的和最大的两个小朋友。（注：只有小男孩在前，小女孩在后，且他们俩之间没有其他的小朋友，他们才能手拉手离开队列）。请根据老师的排队，按小女孩编号从小到大的顺序，给出所有手拉手离开队列的小男孩和小女孩的编号对。

关于输入

用一个字符串代表小朋友队列。字符串中只会出现两个字符，分别代表小男孩和小女孩，首先出现的字符代表小男孩，另一个字符代表小女孩。

关于输出

按小女孩编号顺序，顺序输出手拉手离开队列的小男孩和小女孩的编号对，每行一对编号，编号之间用一个空格分隔。

例子输入

((()(())()(()))

例子输出

2 3

5 6
4 7
8 9
1 10
12 13
11 14
0 15

提示

提示，小男孩和小女孩一样多。如测试数据，"("和")"也一样多，且"("必出现在与之匹配的")"之前，因此只要找到了和第一个"("匹配的")"，也就找到了输入的最后一个字符。

此题最适合于用递归来求解。

解题思路 1

整个队列的最前面是小男孩，最后面是小女孩。中间的小男孩和小女孩都可以依次牵手离开，直到最前面小男孩与最后面的小女孩相邻。现在观察第二个小男孩，一定存在一个在中间的小女孩会与之相邻，然后牵手离开。这一对小孩与他俩之间原来所有小孩，构成一个比原问题规模小，但结构完全一样的子问题，可以用同样的处理过程解决。很显然，中间的小孩们可能构成了多个这样的子问题。这就构成了一个递归结构。

程序 15-2-1

```c
1.  #include <stdio.h>
2.
3.  int find(char cc, int boy, int next)        /*找与boy牵手的小女孩*/
4.  {
5.      char c;                                  /*编号为next的小孩对应的字符*/
6.      scanf("%c", &c);
7.      while (c==cc) {                          /*next仍然是小男孩*/
8.          next=find(cc, next, next+1);         /*递归,找与小男孩牵手的小女孩*/
9.          scanf("%c", &c);
10.     }
11.     printf("%d %d\n", boy, next);            /*找到与boy牵手的小女孩的编号*/
12.     return next+1;                           /*返回下位小朋友的编号*/
13. }
14.
15. int main()
16. {
17.     char cc;
18.     scanf("%c", &cc);                        /*第一个字符是代表小男孩的字符*/
19.     find(cc, 0, 1);                          /*递归找所有牵手的小男孩和小女孩*/
20.     return 0;
21. }
```

程序说明

程序第3～第13行是一个递归函数。其第一个参数（cc）为表示小男孩的字符；第二个参数（boy）为已经遇到的一个小男孩的编号，next 为当前（boy 和 next 之间的小孩都一起牵手离开)在 boy 后面与之相邻的小孩的编号。该递归函数读取输入数据,直到遇到与 boy 牵手的小女孩。

程序第 6 行读入 next 小孩的字符,判断该小孩是否为小男孩。如果该小孩是小男孩,则递归地查找与其牵手的小女孩,返回小女孩后面小孩的编号,如程序第 7~第 10 行的循环所示。在每次循环开始前,next 总是下一个小孩的编号,循环直到遇到一个编号为 next 的小女孩为止。这个小女孩和编号为 boy 的小男孩将牵手离开。函数返回当编号为 boy 的小男孩牵手离开后,下一个小孩的编号。

主程序读入小男孩的代表字符后,调用递归函数 find 完成题目要求的处理。

解题思路 2

本题不用递归也有很好的算法求解。因为在队列中编号最小的小女孩前面一定是个小男孩,按题意,他俩第一个牵手离开。当他俩离开队列后,剩下的小孩中,编号最小的小女孩前面也一定是个小男孩,按题意,他俩第二个牵手离开。如此往复,直到所有的小孩都牵手离开。

很显然,如果从前往后找编号最小的小女孩,一定会按先后顺序访问到她前面的所有小男孩,并且,和小女孩牵手离开的是最后一个被访问到的小男孩。这样,对于所访问到的小男孩,恰好构成一个先进后出的栈结构。可以设计一个栈存放所有访问过的小男孩的编号,待遇到一个小女孩时,就从栈顶弹出一个小男孩的编号与小女孩的编号一起输出。直到最后一个小女孩与最后一个小男孩牵手离开队列,栈变为空栈时,小孩的队列也变为空队列。

程序 15-2-2

```
1.  #include <stdio.h>
2.
3.  int main()
4.  {
5.      int n;
6.      int sp, st[100]={0};              /* st 表示栈,sp 表示栈顶下标 */
7.      char ch, boy;
8.
9.      scanf("%c", &boy);                /* 读入第一个字符,即小男孩字符 */
10.     for (n=sp=1; sp>0; n++) {        /* sp 为 0 时,栈为空,循环结束 */
11.         scanf("%c", &ch);             /* 读入下一个小孩的字符 */
12.         if (ch==boy) {                /* 检查这个小孩是否是男孩 */
13.             st[sp++]=n;               /* 把遇到的小男孩编号压入栈 */
14.         }
15.         else {                        /* 否则,一个小男孩出栈 */
16.             printf("%d %d\n", st[--sp], n);   /* 输出两个牵手小孩的编号 */
17.         }
18.     }
19.     return 0;
20. }
```

思考题

这两个程序能输出完全一样的结果,那么它们之间的内在联系是什么?主要差异在哪里?

15.3 汉 诺 塔

问题描述

汉诺塔是 19 世纪末,在欧洲的商店中出售一种智力玩具。它的结构如图 15-1 所示。

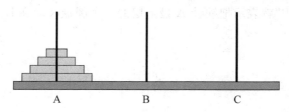

图 15-1 汉诺塔示意图

在一个平板上立有 3 根铁针,分别记为 A、B、C。开始时,铁针 A 上依次叠放着从大到小 n 个圆盘,游戏的目标就是将 A 上的 n 个圆盘全部转移到 C 上,要求每次只能移动某根铁针最上层一个圆盘,圆盘不得放在这 3 根铁针以外的任何地方,而且永远只能将小的圆盘叠放在大的圆盘之上。

例如,图 15-2 所示是示例输出中($n=3$)移动方案。

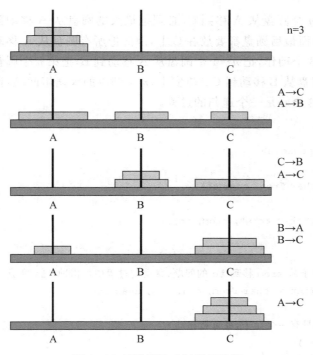

图 15-2 汉诺塔移动过程示意图

这是一个著名的问题,几乎所有的教材上都有这个问题。由于条件是一次只能移动一个盘,且不允许大盘放在小盘上面,所以 64 个盘的移动次数是 18 446 744 073 709 551 615。这是一个天文数字,若每一微秒可能做一次移动,那么也需要几乎 100 万年。仅能找出问题的解决方法并解决较小 n 值时的汉诺塔,但很难用计算机解决 64 层的汉诺塔。

关于输入

输入数据只有一个正整数 $n(n\leqslant16)$,表示开始时铁针 A 上的圆盘数。

关于输出

要求输出步数最少的搬动方案,方案是由若干个步骤构成的,输出的每行就表示一个移动步骤,例如,"A—>B"就表示把铁针 A 最上层的一个圆盘移动到 B 上。

例子输入

3

例子输出

A->C
A->B
C->B
A->C
B->A
B->C
A->C

解题思路

为了把所有的 n 个圆盘从 A 移到 C,必须把最大的圆盘从 A 移动到 C,此时其他的圆盘应该全部在 B 上,而最后圆盘都要放在 C 上,因此把所有圆盘从 A 移动到 C 这个过程,可以被整体上分解为 3 个动作,把 $n-1$ 个圆盘从 A 移动到 B,把第 n 个圆盘从 A 移动到 C,再把 B 上的 $n-1$ 个圆盘从 B 移动到 C。事实上,n 个圆盘的汉诺塔问题,蕴含着两 $n-1$ 个圆盘的汉诺塔问题。这恰好是一个递归的过程。

程序 15-3

```
1.  #include <stdio.h>
2.
3.  void move(char from, char to)
4.  {
5.      printf("%c->%c\n", from, to);
6.  }
7.
8.  /*将 n 个盘子从 from 移到 to 的问题,移动的过程中可借助 via 完成*/
9.  void hanoi(int n, char from, char via, char to)
10. {
11.     /*如果只有一个盘子,就直接移动*/
12.     if (n==1)
13.         move(from, to);
14.     else {
```

```
15.         /*先将from上的n-1个盘子暂存到via上*/
16.         hanoi(n-1, from, to, via);
17.         /*将from上剩下的一个盘子直接移动到to上*/
18.         move(from, to);
19.         /*再将暂存在via上的n-1个盘子移到to上*/
20.         hanoi(n-1, via, from, to);
21.     }
22. }
23.
24. int main()
25. {
26.     int n;
27.     scanf("%d", &n);
28.     hanoi(n, 'A', 'B', 'C');        /*借助B,把n个盘子从A移动到C的递归调用*/
29.     return 0;
30. }
```

程序说明

用递归法解决问题的时,不再是简单地一步一步顺序求解,而是把整个问题分解成为几个结构完全一致但规模更小的子问题,递归地分解下去,直到子问题的规模小到可以直接求解为止。

15.4 八皇后问题

问题描述

会下国际象棋的人都很清楚:皇后可以在横、竖、斜线上不限步数地吃掉其他棋子。如何将 8 个皇后放在棋盘上(有 8×8 个方格),使它们谁也不能被吃掉。这就是著名的八皇后问题。对于某个满足要求的 8 皇后的摆放方法,定义一个皇后串 a 与之对应,即 $a = b_1 b_2 \cdots b_8$,其中 b_i 为相应摆法中第 i 行皇后所处的列数。已经知道八皇后问题一共有 92 组解(即 92 个不同的皇后串)。

给出一个数 b,要求输出第 b 个串。串的比较是这样的:皇后串 x 置于皇后串 y 之前,当且仅当将 x 视为整数时比 y 小。

关于输入

第一行是测试数据的组数 n,后面跟着 n 行输入。每组测试数据占一行,包括一个正整数 $b(1 \leqslant b \leqslant 92)$。

关于输出

n 行,每行输出对应一个输入。输出应是一个正整数,是对应于 b 的皇后串。

例子输入

2
1
92

例子输出

15863724
84136275

提示

这是一个典型需要用回溯法求解的问题。

解题思路

如果把八皇后问题的 92 个解按顺序都求解出并保存起来，则可以按任意的要求直接输出指定的解（皇后串）。

寻找八皇后问题的所有 92 个解，只能系统地尝试所有可能的皇后串，排除不满足约束条件的情形。对于一个皇后串，具有这样的约束：

(1) $b_i!=b_j$，其中$(i!=j)$，即各行上的皇后都不在同一列上。

(2) $i-b_i!=j-b_j$，其中$(i!=j)$，即各行上的皇后都不在从左上到右下的同一斜线上。

(3) $i+b_i+!=j+b_j$，其中$(i!=j)$，即各行上的皇后都不在从左下到右上的同一斜线上。

进一步，如果定义 row[0..7] 代表每一列上是否有皇后，diag1[0..15] 和 diag2[0..15] 分别代表左上到右下和左下到右上的所有斜线上是否有皇后，则在某一行的某一列上可以放置一个皇后(b_i)的条件是，对应的列（row[b_i]）及两个斜线（diag2[$i-b_i-8$] 及 diag1[$i+b_i$]）上都应该没有皇后。

一旦确定了皇后串的某个前缀已经不满足 3 个约束时，即可知道，为前缀的所有皇后串都不可能满足 3 个约束条件，也就不可能是八皇后问题的解。可以用一个带回溯的递归过程系统的遍历所有可能的皇后串，得到 92 个解。

程序 15-4

```
1.  #include <stdio.h>
2.  #include <string.h>
3.
4.  int count=1;
5.  int row[8], diag1[8*2], diag2[8*2], queen[100][8];
6.
7.  void put_queen(int x)
8.  {
9.      int y, d1, d2;
10.     for (y=0; y<8; y++) {
11.         d1=x+y;                                     /* 左下到右上的一条斜线的编号 */
12.         d2=x-y+8;                                   /* 左上到右下的一条斜线的编号 */
13.         if (!row[y] && !diag1[d1] && !diag2[d2]) {
14.             queen[count][x]=y;                      /* 第 x 行的皇后放在第 y 列上 */
15.             if (x<7) {
16.                 row[y]=diag1[d1]=diag2[d2]=1;       /* 列及斜线上都有皇后 */
17.                 put_queen(x+1);                     /* 向下一行递归 */
18.                 row[y]=diag1[d1]=diag2[d2]=0;       /* 清除,尝试下一列 */
19.             }
```

```
20.         else {
21.             /* 找到一个解,开启新空间来存储下一个解向量 */
22.             memcpy(queen[count+1], queen[count], sizeof(queen[0]));
23.             count++;
24.             break;
25.         }
26.     }
27. }
28. }
29.
30. int main()
31. {
32.     int n, i, j, idx;
33.     put_queen(0);                      /* 调用回溯函数预先求得 92 个解 */
34.     scanf("%d", &n);
35.     for (i=0; i<n; i++) {              /* 根据序号输出对应的解 */
36.         scanf("%d", &idx);
37.         for (j=0; j<8; j++) {
38.             printf("%d", queen[idx][j]+1);
39.         }
40.         printf("\n");
41.     }
42.
43.     return 0;
44. }
```

程序说明

回溯法是一种系统地遍历一个问题所有可能的解所组成的解空间,寻找问题的解的方法。对于没有很好的方法(如动态规划法和贪心法)来求解的问题,回溯法是一种比较通用的算法。使用回溯法求解问题的两个关键:一是正确地描述问题的解空间;二是正确地描述触发回溯的约束条件。

15.5 算 24

问题描述

给出 4 个小于 10 的正整数,可以使用加减乘除 4 种运算以及括号把这 4 个数连接起来得到一个表达式。现在的问题是,是否存在一种方式使得到的表达式的结果等于 24。

这里加减乘除以及括号的运算结果和运算的优先级跟平常的定义一致(这里的除法定义是实数除法)。

比如,对于 5、5、5、1,我们知道 $5\times(5-1/5)=24$,因此可以得到 24。又比如,对于 1、1、4、2,却怎么都不能得到 24。

关于输入

输入数据包括多行,每行给出一组测试数据,包括 4 个小于 10 的正整数。最后一组测试数据中包括 4 个 0,表示输入的结束,这组数据不用处理。

关于输出

对于每一组测试数据,输出一行,如果可以得到 24,输出 YES;否则,输出 NO。

例子输入

```
5 5 5 1
1 1 4 2
0 0 0 0
```

例子输出

```
YES
NO
```

解题思路

可以先把 n 个数的 24 点问题转化为 n−1 个数的 24 点问题,再转换为 n−2 个数的 24 点问题,如此往复,直到只剩下 1 个数。而 1 个数的 24 点问题即是判断这个数是否为 24。

程序 15-5

```
1.  #include <stdio.h>
2.  #include <math.h>
3.
4.  double nums[4];
5.
6.  /***
7.   * 这个函数求解 i 和 j 做二元运算 op 的值
8.   * 注意除法和减法是不可交换的,因此共 6 种基本运算
9.   */
10. double eval(double i, double j, int op) {
11.     switch (op) {
12.         case 0: return i+j;
13.         case 1: return i-j;
14.         case 2: return i*j;
15.         case 3: return i/j;
16.         case 4: return j-i;
17.         case 5: return j/i;
18.     }
19.     return 0;
20. }
21.
22. /***
23.  * calc(n) 判断包含 n+1 个数的 24 点问题是否有解
24.  */
25. int calc(int n) {
26.     int i, j, k;
27.
28.     /*
29.      * 如果只有 1 个数,有解当且仅当这个数就是 24
```

```
30.         * 注意由于浮点误差,判断浮点数相等通常不能直接用==比较
31.         */
32.         if (n==0) {
33.             return (fabs(nums[0]-24)<1e-9);
34.         }
35.
36.         /* 否则,就将 n+1 个数的 24 点问题转化为 n 个数的 24 点问题 */
37.         for (i=0; i<n; i++) {
38.             for (j=i+1; j<=n; j++) {
39.                 /* 取出一对待运算的数 */
40.                 double a=nums[i];
41.                 double b=nums[j];
42.
43.                 /* 将最后一个数移到原来 b 的位置上 */
44.                 nums[j]=nums[n];
45.                 /* 对 a 和 b 依次尝试 6 种基本运算 */
46.                 for (k=0; k<6; k++) {
47.                     /* a 和 b 运算的结果放在原来 a 的位置上 */
48.                     nums[i]=eval(a, b, k);
49.                     /* 递归求解剩下 n 个数的 24 点问题 */
50.                     if (calc(n-1))
51.                         return 1;
52.                 }
53.
54.                 /* 尝试结束后要把数组恢复原状,便于下一步取出另外一对数 */
55.                 nums[i]=a;
56.                 nums[j]=b;
57.             }
58.         }
59.
60.         return 0;
61. }
62.
63. int main ()
64. {
65.     for(;;) {
66.         scanf("%lf%lf%lf%lf", &nums[0], &nums[1], &nums[2], &nums[3]);
67.         if (nums[0]<=0) {
68.             break;
69.         }
70.         printf("%s\n", calc(3) ? "YES" : "NO");
71.     }
72.
73.     return 0;
74. }
```

程序说明

程序第四行定义了一个全局数组变量 num，用来存储待判断的 n 个整数。函数 eval 用于计算两个数的 6 种运算结果。函数 calc 用于判断 $n+1$ 个整数是否能计算为 24。主函数读入每一组数据并调用 calc 函数判断是否能计算为 24。

函数 calc 中的双重循环用于把 $n+1$ 个数中的任意两个数通过 6 种运算方式转换为一个数，再递归地计算这 n 个数是否能计算为 24，一直递归到判断一个数是否为 24 为止。

15.6 石子归并

问题描述

现摆一排 N 堆石子（$N \leq 100$），要将石子有次序地合并成一堆。规定每次只能选取相邻的两堆合并成新的一堆，并将新的一堆的石子数记为该次合并的得分。编一程序，由文件读入堆数 N 及每堆的石子数（≤ 20）。选择一种合并石子的方案，使所做 $N-1$ 次合并，得分的总和最小。

关于输入

第一行为石子堆数 N，第二行为每堆石子数，数字之间用一个空格分隔。

关于输出

最小的得分总和。

例子输入

21
17 2 9 20 9 5 2 14 20 19 19 1 9 8 8 9 14 9 4 8

例子输出

936

提示

求解不当，可能超时。

解题思路

递推公式：

$$a[i,j] = \begin{cases} \min\{a[i,k]+a[k+1,j]+c[i,j] \mid k=i,i+1,\cdots,j\}, & j>i \\ 0, & j=i \end{cases}$$

$$c[i,j] = \begin{cases} c[i,j-1]+s[j], & j>i \\ s[i], & j=i \end{cases}$$

其中，$a[i,j]$ 表示从第 i 堆石子到第 j 堆石子合并为一堆时的最大得分；$c[i,j]$ 表示从第 i 堆石子到第 j 堆石子合并为一堆后的石子数量。总和最小值为 $a[0,n-1]$。

程序 15-6

```
1.  #include <stdio.h>
2.  #include <string.h>
3.
4.  #define N 100
```

```
5.
6.    int main()
7.    {
8.        int n, i, j, k, l, t, m, v, s[N];
9.        int a[N][N], c[N][N];
10.
11.       /*读入石子堆数量*/
12.       scanf("%d", &n);
13.       for (i=0; i<n; i++) {
14.           scanf("%d", &s[i]);
15.       }
16.
17.       /*初始化递推数组*/
18.       memset(a, 0, sizeof(a));
19.       memset(c, 0, sizeof(c));
20.
21.       /*计算每一个 c[i,j],0≤i<j<n*/
22.       for (i=0; i<n; i++) {
23.           c[i][i]=s[i];
24.           for (j=i+1; j<n; j++) {
25.               c[i][j]=c[i][j-1]+s[j];
26.           }
27.       }
28.
29.       /*计算每一个 a[i][j], 0≤i<j<n;按j-i的值递增的顺序计算*/
30.       for (t=1; t<n; t++) {
31.           for (i=0; i<n-t; i++) {
32.               j=i+t;
33.
34.               /*计算 a[i][j]=min{a[i][k]+a[k+1][j]+c[i][j] | i≤k<j}*/
35.               a[i][j]=a[i][i]+a[i+1][j]+c[i][j];
36.               for (k=i+1; k<j; k++) {
37.                   v=a[i][k]+a[k+1][j]+c[i][j];
38.                   if (v<a[i][j]) {
39.                       a[i][j]=v;
40.                   }
41.               }
42.           }
43.       }
44.
45.       printf("%d", a[0][n-1]);
46.       return 0;
47.   }
```

思考题

能否把程序第 30～第 32 行的循环及给 j 赋值的语句用下面的循环代替?

```
for (j=1; j<n; j++) {
    for (i=0; i<j; i++) {
        ...
    }
}
```

15.7　多边形游戏

问题描述

一个多边形,开始有 n 个顶点。每个顶点被赋予一个正整数值,每条边被赋予一个运算符"+"或"*"。所有边依次用整数为 $1\sim n$ 编号。

现在来玩一个游戏,该游戏共有 n 步:

第 1 步,选择一条边,将其删除。

随后 $n-1$ 步,每一步都按以下方式操作:

(1) 选择一条边 E 以及由 E 连接的 2 个顶点 $v1$ 和 $v2$;

(2) 用一个新的顶点取代边 E 以及由 E 连接的 2 个顶点 $v1$ 和 $v2$,将顶点 $v1$ 和 $v2$ 的整数值通过边 E 上的运算得到的结果值赋给新顶点。

最后,所有边都被删除,只剩一个顶点,游戏结束。游戏得分就是所剩顶点上的整数值。那么这个整数值最大为多少?

关于输入

第一行为多边形的顶点数 $n(n\leqslant 50)$,其后有 n 行,每行为一个整数和一个字符,整数为顶点上的正整数值,字符为该顶点到下一个顶点间连边上的运算符"+"或"*"(最后一个字符为最后一个顶点到第一个顶点间连边上的运算符)。

关于输出

输出仅一个整数,即游戏所计算出的最大值。

例子输入

4
4 *
5 +
5 +
3 +

例子输出

70

提示

大规模问题应该采用动态规划方法编程求解。

计算中不必考虑计算结果超出整数表达范围的问题,给出的数据能保证计算结果的有效性。

在给的例子中,计算过程为 $(3+4)\times(5+5)=70$。

解题思路

设 $a[i, i]$ 表示把边 $(i-1, i)$ 删除后多边形游戏最大整数值,也即按顶点序列 $v[i]$, $v[i+1], \cdots, v[n-1], v[0], \cdots, v[i-1]$ 进行游戏的最大整数值,则问题所求为 $\max\{a[i, i] \mid i=0, 1, 2, \cdots, n-1\}$。

而 $a[i, j] = \max\{op[k](a[i, k], a[k, j]) \mid k=i+1, i+2, \cdots, n-1, 0, \cdots, j-1\}$,即 $a[i, j]$ 表示按顶点序列 $v[i], v[i+1], \cdots, v[j-1]$ 进行游戏的最大整数值。

注意:上面讨论中的加法"+"(减法"-")表示模 n 的加法(减法),即运算的结果值(v)始终等于 $(v+n)\%n$。

程序 15-7

```
1.   #include <stdio.h>
2.   #include <string.h>
3.
4.   #define MAX 50
5.
6.   int main()
7.   {
8.       int n, i, j, k, t, s, v, x, y, m;
9.       int a[MAX][MAX];
10.      char op[MAX], o;
11.
12.      /*初始化,读入输入,a[i][i+1]放顶点 i 上的数,op[i+1]放顶点 i 上的操作*/
13.      memset(a, 0, sizeof(a));
14.      scanf("%d", &n);
15.      for (i=0; i<n; i++) {
16.          scanf("%d %c", &a[i][(i+1)%n], &op[(i+1)%n]);
17.      }
18.
19.      /*递推的求 a[i][j]; j-i=2, 3, …, n; i=0, 1, …, n*/
20.      for (t=2; t<=n; t++) {
21.          for (i=0; i<n; i++) {
22.              j=(i+t)%n;
23.              /*求 a[i][j]=max{op[k](a[i][k], a[k][j]) | k=i+1,…, j-1*/
24.              for (s=1; s<t; s++) {
25.                  k=(i+s)%n;
26.                  x=a[i][k];
27.                  y=a[k][j];
28.                  o=op[k];
29.                  v= (o=='+') ? (x+y) : (x*y);
30.                  if (v>a[i][j]) {
31.                      a[i][j]=v;
32.                  }
33.              }
34.          }
```

```
35.        }
36.
37.        /* 求 max{a[i][i] | i=0, 1, …, n} */
38.        v=0;
39.        for (i=0; i<n; i++) {
40.            if (a[i][i]>v) {
41.                v=a[i][i];
42.            }
43.        }
44.
45.        printf("%d", v);
46.        return 0;
47.    }
```

思考题

如果直接用递归的方式求解此问题，如何实现？会存在什么问题？怎样在递归中解决这个问题？

习 题

（请登录 PG 的开放课程完成习题）

15-1 逆波兰表达式

逆波兰表达式是一种把运算符前置的算术表达式，例如普通的表达式 2+3 的逆波兰表示法为＋23。逆波兰表达式的优点是运算符之间不必有优先级关系，也不必用括号改变运算次序，例如(2+3)×4 的逆波兰表示法为×＋234。本题求解逆波兰表达式的值，其中运算符包括＋、－、×和/。

15-2 硬币面值组合

使用 1 角、2 角、5 角硬币组成 n 角钱。

设 1 角、2 角、5 角的硬币各用了 a、b、c 个，列出所有可能的 a、b、c 组合。

输出顺序为，按 c 的值从小到大，c 相同的按 b 的值从小到大输出。

15-3 斐波那契数列

斐波那契数列是指这样的数列：数列的第一个和第二个数都为 1，接下来每个数都等于前面两个数之和。

给出一个正整数 a，求斐波那契数列中第 a 个数是多少。

15-4 求排列的逆序数

在 Internet 上的搜索引擎经常需要对信息进行比较，如可以通过某个人对一些事物的排名来估计他（或她）对各种不同信息的兴趣，从而实现个性化的服务。对于不同的排名结果可以用逆序来评价它们之间的差异。考虑 $1,2,\cdots,n$ 的排列 $i_1,i_2,\cdots,i_n$，如果其中存在 $i_j>i_k$，使得 $j<k$，那么就称 (i_j,i_k) 是这个排列的一个逆序。一个排列含有逆序的个数称为这个排列的逆序数。例如排列 263451 含有 8 个逆序 (2,1)、(6,3)、(6,4)、(6,5)、(6,1)、(3,1)、(4,1)、(5,1)，它的逆序数就是 8。显然，由 1,

$2,\cdots,n$ 构成的所有 $n!$ 个排列中,最小的逆序数是 0,对应的排列就是 $1,2,\cdots,n$;最大的逆序数是 $n(n-1)/2$,对应的排列就是 $n,(n-1),\cdots,2,1$。逆序数越大的排列与原始排列的差异度就越大。

15-5 五户共井问题

有 A、B、C、D、E 5 家人共用一口井,已知井深不超过 k 米。A、B、C、D、E 的绳长各不相同,而且厘米表示的绳长一定是整数。

从井口放下绳索正好达到水面时:
(1) 需要 A 家的绳 $n1$ 条接上 B 家的绳 1 条。
(2) 需要 B 家的绳 $n2$ 条接上 C 家的绳 1 条。
(3) 需要 C 家的绳 $n3$ 条接上 D 家的绳 1 条。
(4) 需要 D 家的绳 $n4$ 条接上 E 家的绳 1 条。
(5) 需要 E 家的绳 $n5$ 条接上 A 家的绳 1 条。

问井深和各家绳长。

15-6 走出迷宫

当你站在一个迷宫里的时候,往往会被错综复杂的道路弄得失去方向感,如果能得到迷宫地图,事情就会变得非常简单。

假设你已经得到了一个 $n \times m$ 的迷宫的图纸,请找出从起点到出口的最短路。

15-7 城堡问题

```
      1   2   3   4   5   6   7
    #############################
  1 #   |   #   |   #   |   |   #
    #####---#####---#---#####---
  2 #   #   |   #   #   #   #
    #---#####---#####---#####---
  3 #   |   #   #   |   #   #
    #---#####---#####---#####---
  4 #   #   |   |   |   #   #
    #############################
```

其中:
```
#=Wall
|=No wall
-=No wall
```

上面是一个城堡的地形图。请编写一个程序,计算城堡一共有多少房间,最大的房间有多大。城堡被分割成 $m \times n (m \leqslant 50, n \leqslant 50)$ 个方块,每个方块可以有 0~4 面墙。

15-8 山区建小学

政府在某山区修建了一条道路,恰好穿越总共 m 个村庄的每个村庄一次,没有回路或交叉,任意两个村庄只能通过这条路来往。已知任意两个相邻的村庄之间的距离为 di(为正整数),其中,$0 < i < m$。为了提高山区的文化素质,政府又决定从 m 个村中选择 n 个村建小学(设 $0 < n \leqslant m < 500$)。请根据给定的 m、n 以及所有相邻村庄的

距离,选择在哪些村庄建小学,才使得所有村到最近小学的距离总和最小,计算最小值。

15-9 三角形最佳路径问题

如下所示的由正整数数字构成的三角形:

```
    7
   3 8
  8 1 0
 2 7 4 4
4 5 2 6 5
```

从三角形的顶部到底部有很多条不同的路径。对于每条路径,把路径上面的数加起来可以得到一个和,和最大的路径称为最佳路径。你的任务就是求出最佳路径上的数字之和。

注意:路径上的每一步只能从一个数走到下一层上和它最近的下边(正下方)的数或者右边(右下方)的数。

15-10 试剂稀释

一种药剂可以被稀释成不同的浓度供病人使用,且只能稀释不能增加浓度;又已知医院规定同一瓶药剂只能给某个病人以及排在他后面的若干人使用。现为了能最大限度利用每一瓶药剂(不考虑每一瓶容量),在给出的一个病人用药浓度序列(病人的顺序不能改变)中找出能同时使用一瓶药剂的最多人数。

15-11 放苹果问题

把 M 个同样的苹果放在 N 个同样的盘子里,允许有的盘子空着不放,问共有多少种不同的分法(用 K 表示)?

注意:5、1、1 和 1、5、1 是同一种方案。

15-12 鸡蛋的硬度

最近××公司举办了一个奇怪的比赛:鸡蛋硬度之王争霸赛。参赛者是来自世界各地的母鸡,比赛的内容是看谁下的蛋最硬,更奇怪的是××公司并不使用什么精密仪器来测量蛋的硬度,他们采用了一种最老土的办法——从高度扔鸡蛋——来测试鸡蛋的硬度,如果一次母鸡下的蛋从高楼的第 a 层摔下来没摔破,但是从 $a+1$ 层摔下来时摔破了,那么就说这只母鸡的鸡蛋硬度是 a。你当然可以找出各种理由说明这种方法不科学,比如同一只母鸡下的蛋硬度可能不一样,等等,但是这不影响××公司的争霸赛,因为他们只是为了吸引大家的眼球,一个个鸡蛋从 100 层的高楼上掉下来的时候,这情景还是能吸引很多人驻足观看的,当然,××公司也绝不会忘记在高楼上挂一条幅,写上"××公司"的字样——这比赛不过是××公司的一个另类广告而已。

勤于思考的小 A 总是能从一件事情中发现一个数学问题,这件事也不例外。"假如有很多同样硬度的鸡蛋,那么我可以用二分的办法用最少的次数测出鸡蛋的硬度",小 A 对自己的这个结论感到很满意,不过很快麻烦来了,"但是,假如我的鸡蛋不够用呢,比如我只有 1 个鸡蛋,那么我就不得不从第 1 层楼开始一层一层的扔,最坏情况下我要扔 100 次。如果有 2 个鸡蛋,那么就从 2 层楼开始的地方扔……不对,好像应该从 1/3 的地方开始扔才对，嗯，好像也不一定啊……3 个鸡蛋怎么办，4 个、5 个，更多呢……"，和往常一样，小 A 又陷入了一个思维僵局，与其说他是勤于思考，不如说他是喜欢自找麻烦。

好吧，既然麻烦来了，就得有人去解决，小 A 的麻烦就靠你来解决了。

输入包括多组数据，每组数据一行，包含两个正整数 n 和 m（$1 \leqslant n \leqslant 100$，$1 \leqslant m \leqslant 10$），其中 n 表示楼的高度，m 表示你现在拥有的鸡蛋个数，这些鸡蛋硬度相同（即它们从同样高的地方掉下来要么都摔碎要么都不碎），并且小于等于 n。你可以假定硬度为 x 的鸡蛋从高度小于等于 x 的地方摔无论如何都不会碎（没摔碎的鸡蛋可以继续使用），而只要从比 x 高的地方扔必然会碎。

对每组输入数据，你可以假定鸡蛋的硬度在 $0 \sim n$ 之间，即在 $n+1$ 层扔鸡蛋一定会碎。

对于每一组输入，输出一个整数，表示使用最优策略在最坏情况下所需要的扔鸡蛋次数。

15-13 采药

辰辰是个天资聪颖的孩子，他的梦想是成为世界上最伟大的医师。因此，他想拜附近最有威望的医师为师。医师为了判断他的资质，给他出了一个难题。医师把他带到一个到处都是草药的山洞里对他说："孩子，这个山洞里有一些不同的草药，采每一株都需要一些时间，每一株也有它自身的价值。我会给你一段时间，在这段时间里，你可以采到一些草药。如果你是一个聪明的孩子，你应该可以让采到的草药的总价值最大。"如果你是辰辰，你能完成这个任务吗？

15-14 最大子矩阵

已知矩阵的大小定义为矩阵中所有元素的和。给定一个矩阵，你的任务是找到最大的非空（大小至少是 1×1）子矩阵。

例如，如下 4×4 的矩阵

```
 0 -2 -7  0
 9  2 -6  2
-4  1 -4  1
-1  8  0 -2
```

的最大子矩阵是

```
 9  2
-4  1
-1  8
```

这个子矩阵的大小是 15。

附录 格式字符串

A1 函数 printf 的格式字符串

采用 printf 输出时,格式字符串的一般形式为"%[标志][输出最小宽度][.精度][长度]类型"。其中方括号[]中的项为可选项。各项的意义介绍如下。

1. 类型

类型字符用来表示输出数据的数据类型,其格式字符及含义如表 A-1 所示。

表 A-1 输出类型格式字符及含义

类型格式字符	格式字符的含义
d	以十进制形式输出带符号整数(正数不输出符号)
o	以八进制形式输出无符号整数(不输出前缀0)
x 或 X	以十六进制形式输出无符号整数(不输出前缀0x)
u	以十进制形式输出无符号整数
f	以小数形式输出单、双精度实数
e 或 E	以指数形式输出单、双精度实数
g 或 G	以%f%e中较短的输出宽度输出单、双精度实数
c	输出单个字符
s	输出字符串
p	以十六进制形式输出指针的地址值(前面补0,但不带前缀0x)

2. 标志

标志字符为 -、+、空格和 # 4 种,其含义如表 A-2 所示。

表 A-2 输出标志格式字符及含义

标志格式字符	格式字符的含义
-	结果左对齐,右边填空格
+	输出符号(正号或负号)
空格	输出值为正时冠以空格,为负时冠以负号
#	对 c、s、d、u 类无影响;对 o 类,在输出时加前缀0;对 x 类,在输出时加前缀0x

3．输出最小宽度

用十进制整数来表示输出的最少位数。若实际位数多于定义的宽度,则按实际位数输出;若实际位数少于定义的宽度则补以空格。

如果输出最小宽度前面有一个 0,则在输出内容左边补空格的地方改为补 0。

4．精度

精度格式符以"."开头,后跟十进制整数。其含义是:如果输出数字,则表示小数的位数;如果输出的是字符串,则表示输出字符的个数;若实际位数大于所定义的精度数,则截去超过的部分。

5．长度

长度格式符为 h 和 l 两种,h 表示按短整型量输出,l 表示按长整型量或双精度浮点数类型量输出。

A2 函数 scanf 的格式字符串

采用 scanf 输入时,格式字符串的一般形式为"%[*][输入最小宽度][长度]类型"。其中方括号[]中的项为可选项。各项的意义介绍如下。

1．类型

类型字符用来表示输入数据的数据类型,其格式字符及含义如表 A-3 所示。

表 A-3　输入类型格式字符及含义

类型格式字符	格式字符的含义
d	以十进制形式输入带符号整数
o	以八进制形式输入无符号整数
x	以十六进制形式输入无符号整数
f	用于输入实数,可以用小数形式或指数形式输入
e	与 f 作用相同,e 与 f 可以相互替换
c	输入单个字符
s	输入字符串。以非空格字符开始,以第一个空白字符结束,添加'\0'作为字符串结束标志

2．*

* 表示相应的项在读入后,不赋值给对应的参数变量。

3．输入最小宽度

输入最小宽度是一个十进制正整数,用于指定输入的宽度,系统会根据指定的宽度自动截取输入。

4．长度

长度格式符为 h 和 l 两种,h 表示按短整型量输入,l 表示按长整型量或双精度浮点数类型量输入。

附录 B 常用函数

本附录列出编程中经常用到的一些 C 语言标准库函数，简单介绍每个库函数的函数形式及其基本功能。关于更多的库函数信息，请查询相关的文档或手册。

1. 输入函数（scanf）

```
int scanf (const char * format, …);
```

从标准输入（stdin）中按格式（format）读入数据并保存在参数地址对应的变量中。

该函数定义在 stdio.h 中。

2. 输出函数（printf）

```
int printf (const char * format, …);
```

按格式（format）把参数变量中的数据输出到标准输出（stdout）上。

该函数定义在 stdio.h 中。

3. 求根号（sqrt）

```
double sqrt (double x);
```

返回变量 x 的平方根。参数 x 的值应为非负实数。

该函数定义在 math.h 中。

4. 向上取整（ceil）

```
double ceil(double x);
```

返回不比变量 x 小的最小整数所对应的浮点数值。

该函数定义在 math.h 中。

5. 向下取整（floor）

```
double floor(double x);
```

返回不比变量 x 大的最大整数所对应的浮点数值。

该函数定义在 math.h 中。

6. 求幂值（pow）

```
double pow (double base, double exponent);
```

该函数求变量 base 的 exponent 次幂。
该函数定义在 math.h 中。

7. 求字符串长度（strlen）

`size_t strlen (const char * str);`

求字符串 str 的长度。返回值是一个无符号整数值。
该函数定义在 string.h 中。

8. 字符串复制（strcpy）

`char * strcpy (char * destination, const char * source);`

把字符串 source 的内容复制到参数 destination 对应的字符数组中，包括结尾'\0'。返回值为 destination 的值。参数 destination 所指的字符数组大小应比 source 字符串的长度至少多 1 个字节。

该函数定义在 string.h 中。

9. 字符串比较（strcmp）

`int strcmp (const char * str1, const char * str2);`

比较字符串 str1 和 str2 的自然顺序。该函数通过逐个比较对应字符的 ASCII 码值判断大小。如果 str1 比 str2 小，返回值为负数；如果 str1 比 str2 大，返回值为正数；否则两个字符串相等，返回值为 0。

该函数定义在 string.h 中。

10. 在字符串中定位字符（strchr）

`const char * strchr (const char * str, int character);`

在字符串 str 中查找字符 character 第一次出现的位置。返回值为第一次出现的字符指针。如果未找到，则返回值为 NULL。

该函数定义在 string.h 中。

11. 在字符串中定位子串（strstr）

`const char * strstr (const char * str1, const char * str2);`

在字符串 str1 中查找字符串 str2 第一次出现的位置。返回值为第一次出现的字符指针。如果未找到，则返回值为 NULL。

该函数定义在 string.h 中。

12. 分配内存（malloc）

`void * malloc (size_t size);`

在程序堆中分配至少 size 字节的连续内存空间。返回值为该内存空间起始内存地址值。

该函数定义在 memory.h 中。

13. 释放内存（free）

`void free (void * ptr);`

释放通过 malloc 分配到的内存。

该函数定义在 memory.h 中。

14. 内存初始化（memset）

`void * memset (void * ptr, int value, size_t num);`

对以指针 ptr 指向的内存地址开始，后续 num 个字节的内存，每个字节都赋值为 value。返回值为 ptr 的值。

该函数定义在 memory.h 中。

15. 内存复制（memcpy）

`void * memcpy (void * destination, const void * source, size_t num);`

把以 source 开始的内存复制 num 个字节的内容到以 destination 开始的内存区域。返回值为 destination 的值。

该函数定义在 memory.h 中。

16. 读入一行（gets）

`char * gets (char * str);`

从标准输入（stdin）中输入一行字符串，遇到换行符'\n'结束，但读入的字符串不包含这个'\n'，而是在字符串结尾处补以结尾'\0'。

该函数定义在 stdio.h 中。

17. 输出一行（puts）

`int puts (const char * str);`

把字符串 str 中的内容输出到标准输出（stdout）中，并在输出内容后添加一个换行符'\n'。

该函数定义在 stdio.h 中。

18. 字符串转换为整数（atoi）

`int atoi (const char * str);`

把字符串 str 中的整数字符串转换为整数值。如果字符串不表示一个整数，返回值为 0。

该函数定义在 stdlib.h 中。

19. 字符串转换为浮点数（atof）

`double atof (const char * str);`

把字符串 str 中的实数字符串转换为浮点数，并以双精度浮点数类型返回。如果字符串不表示一个实数，返回值为 0.0。

该函数定义在 stdlib.h 中。

附录 C 常见错误速查

1. 标准输入输出的使用
- scanf()：用于从键盘中输入数据，赋给变量。
- printf()：将希望输出的内容显示在屏幕上（一行一行地显示）。

先定义变量，再利用 scanf() 函数给该变量输入相应的数据，最后才能使用该变量。例如：

```
int a, b, c;
scanf("%d%d", &a, &b);
c=a+b;
```

printf() 函数可以将变量的内容以及其他的提示信息输出到屏幕上。例如：

```
printf("\n%d+%d=%c\n", a, b, c);
```

如果 a 为 1，b 为 4，则上面的语句输出为：

```
<空行>
1+4=5
<空行>
```

2. 字符和字符串的输入输出

设有字符变量：

```
char s[100];
```

输入字符：

```
scanf("%c", &s[i]);
```

输入不带空格的字符串：

```
scanf("%s", s);
```

输入可能带空格的字符串（尽量不要在一起使用 scanf 和 gets）：

```
gets(s);
```

输出字符：

```
printf("%c", s[i]);
```

格式化输出字符串：

printf("%s", s);

输出字符串并换行：

puts(s);

3. 带空格的字符串与整数/浮点数一起输入

使用将字符串转换成数值的函数(定义在 stdlib.h 中)：

```
int atoi (const char * str);
double atof (const char * str);
```

例如，输入一个整数、浮点数以及一个带空格的字符串，使用

```
int a;
double b;
char s[100];
gets(s);
a=atoi(s);
gets(s);
b=atof(s);
gets(s);
```

4. 数值的表达范围

不同的数据类型，其表达范围是不同的，也是有限的。例如，整数类型（int）能表示的最大整数为 2 147 483 647；单精度浮点数类型（float）能表示的最大实数为 3.4028234663852886E38。

5. 浮点数精度

float 和 double 的计算精度不同，double 的精度要高。

2.33 和 2.33f 在计算机内是不同的，前者是 double 类型的常量，后者是 float 类型的常量。

6. 整数的除法

整数除法得到的仍是整数，小数部分被舍去。例如，1/2 的值是 0，5/2 的值是 2。若需要得到小数部分，则需要进行强制类型转换，如(float)1/2 或者 1.0/2。表达式 1/2 * (a+b+c+d)的值是 0。

7. 运算符"="和"=="

这是两个完全不同的运算符，前者是赋值，后者是比较。

```
while (i=2) {
    ⋮
}
```

上面的循环是一个无限循环，因为 i=2 的值始终是 2。应该改为

```
while (i==2) {
    ⋮
}
```

8. 字符常量的表达

判断字符变量 x 是否为小写字母 a,错误的表示法：

```
if(x==a) {
    ⋮
}
```

这里的 a 被当作一个标识符,不是字符常量,正确的写法为：

```
if(x=='a') {
    ⋮
}
```

9. 遗漏大括号

本应在一起执行的多条语句没有用大括号括起来,结果只执行一条,例如：

```
if(x>0)
    x=x+4;
    x=x/4;
```

上述程序当 x>0 不成立时,语句"x=x/4;"仍被执行。应订正为：

```
if(x>0) {
    x=x+4;
    x=x/4;
}
```

10. 多加了分号

在 if、for 和 while 后面一般加分号,下面的写法存在问题：

```
for(x=1;x<10;x++);       /*此时形成空语句,循环体中什么也不做*/
{
    ⋮                    /*后面期望的循环体被当作一个语句段单独执行一次*/
}
```

11. switch/case 语句

往往忘了在分支后加 break 语句,导致后续不该执行的分支语句也被执行；case 子句后面应该是整型常量(包括字符常量)。

12. 变量初始化

没有初始化就引用,导致结果错误,尤其对于数组问题。

13. "自创"表达式

注意关系表达式和逻辑表达式的使用方法。a 大于 1 且小于 n 的错误表示方法为 if(1<a<n);正确的表示方式应为 if(a>1 && a<n)。

i 等于 1、3 或 5 的错误表示法：if (i==1,3,5)、if (i==1||3||5)和 if (i==1|3|5);正确的表示方式应为 if(i==1||i==3||i==5)。

14. 忽略了逻辑表达式中逻辑运算符的优先级

忽略了逻辑表达式中逻辑运算符的优先级,导致该用括号的地方没用括号；应尽可能

地使用括号。如闰年判断表达式((x％4==0) && (x％100!==0))||(x％400==0)。

15. 只在输出的数据间有分隔符

不会处理输出格式，比如要求输出一组数，中间用逗号间隔，则很多人不知道怎么能做到最后一个数后面不跟逗号。实际上可以先打印第一个元素"printf("％d", a[0]);"，再用for循环打印其他元素"printf(",％d", a[i]);"；或者单独处理最后一个数的输出。

16. 程序的执行顺序

以为表达式定义了变量之间的关系并被程序一直保存，例如：

```
V=4*3.14f*r*r*r;
L=2*3.14f*r;
scanf("%f", &r);
printf("%.2f\n%.2f", V, L);
```

事实上，每条语句的执行，表达式都是求出值，而不是定义一种变量间的关系。上面的程序应改为：

```
scanf("%f", &r);
V=4*3.14f*r*r*r;
L=2*3.14f*r;
printf("%.2f\n%.2f", V, L);
```

17. 不同类型数据的混合运算

整型数据和浮点数据的混合运算，应注意表达式的值及结果类型。

```
double a;
a=75/100*7.5;          /* a=? */
a=0.6*(2/3);           /* a=? */
```

注意：上面程序中对 a 赋值的两条语句都只给 a 赋值 0。

18. 数组读入问题

可以一次读入一个字符串，但无法一次读入一个数组。读取数组元素的值只能通过循环一个一个地读取。

19. 动态数组的使用

当处理的数据个数在编程中不确定时，应使用动态数组。例如下面的程序片段：

```
int i, n;
struct ABC{
    char name[100];
    int  num;
} * stu, t;
scanf("%d", &n);

stu=(struct ABC *) malloc(sizeof(struct ABC) * n);
for(i=0; i<n; i++)
{
    scanf("%d%s", &stu[i].num, stu[i].name);
```

```
}
  ⋮
free(p);
```

20. 全局和局部变量同名

```
int x;
void p()
{
    printf("%d", x);
}
void main()
{
    int x;                    /* 不要和全局变量同名!*/
    scanf("%d", &x);
    p();
}
```

在 main 函数中定义了重名的局部变量 x, 导致全局变量 x 没有被赋值。

21. 大数组的定义

在函数内部不能定义过大的数组,如果数组非常大,应定义为全局变量,或使用动态数组。例如:

```
int x[50000];
int s[10000][10000];

void main()
{
    int i, j;
    for( i=0; i<50000; i++)
        scanf("%d", &x[i]);
    for( i=0; i<10000; i++)
     for( j=0; j<10000; j++)
            scanf("%d", &s[i][j]);
}
```

22. 循环控制及数组的越界访问

例如,要求输入包括多组(<15)测试数据。每组数据包括一行,给出 2~15 个两两不同且小于 100 的正整数。每一行最后一个数是 0,表示这一行结束后,这个数不属于那 2~15 个给定的正整数。输入的最后一行只包括一个整数-1,这行表示输入数据的结束,不用进行处理。相应的例子输入为:

```
1 4 3 2 9 7 18 22 0
2 4 8 10 0
7 5 11 13 1 3 0
-1
```

相应的处理程序为：

```
int n[15][16], i, j;
for(i=0; i<15; i++) {
    scanf("%d",&n[i][0]);           /*特殊处理每组的第一个整数的输入*/
    if(n[i][0]==-1)
        break;
    for(j=1; n[i][j-1]!=0; j++) {
     scanf("%d",&n[i][j]);
    }
}
```

又如下面的循环，当 j＝0 或 j＝9999 时，会导致数组访问越界：

```
int s[10000][10000];
void main() {
    int i, j;
     ⋮
    for( i=0; i<10000; i++) {
     for( j=0; j<10000; j++) {
        if( s[i][j-1]==0 && s[i][j+1]==0 )   /*可能数组越界！*/
             ⋮
        }
    }
}
```

23. 如何连续退出二重循环

```
int i, j;
 ⋮
for(i=0; i<10000; i++) {
    int isbreak=0;                    /*定义局部变量辅助退出外层循环*/
    for(j=0; j<10000; j++) {
        if(⋯) {
            isbreak=1;                /*退出内层循环前设辅助变量为真*/
            break;                    /*中断内层循环*/
        }
    }
    if(isbreak) break;                /*根据辅助变量为真跳出外层循环*/
}
```

24. 字符串的长度

字符串在字符数组中以'\0'结束。字符串长度与字符数组的长度不是一个概念！
例如下面这样处理字符串中的字符是不正确的：

```
char s[100];
int i;
scanf("%s", s);
```

```
for( i=0; i<100; i++) {              /* 100是字符数组的大小,不是字符串的长度 */
    if( s[i]==…
}
```

可以改为用结尾'\0'判断:

```
char s[100];
int i;
scanf("%s", s);
for( i=0; s[i] != '\0'; i++) {       /* 判断是否到达结尾'\0' */
    if( s[i]==…
}
```

或者改为用字符串长度控制循环:

```
char s[100];
int i, len;
scanf("%s", s);
len=strlen(s);
for( i=0; i<len; i++) {              /* 根据字符串长度控制对字符串的访问 */
    if( s[i]==…
}
```

25. 字符串的比较与交换

字符串比较有专门的函数,即 strcmp(str1, str2),而不能用关系运算符"=="。例如,错误的用法"str1==str2"表示两个字符指针是否相同,而不是字符串的内容是否相同。

字符串复制有专门的函数,即 strcpy(dest, orig),而不能用赋值运算符"="。例如,错误的用法"dest=orig"是指针变量 dest 指向 orig 指向的内存空间,而非把 orig 中的内容复制到 dest 指向的内存空间中。

判断并交换字符串的正确方法如下例子程序所示:

```
char str1[100], str2[100], tmp[100];
scanf("%s %s", str1, str2);
if( strcmp(str1,str2)>0 ) {          /* 用 strcmp 判断字符串关系 */
    strcpy(tmp, str1);               /* 用 strcpy 完成字符串复制 */
    strcpy(str1, str2);              /* 用 strcpy 完成字符串复制 */
    strcpy(str2, tmp);               /* 用 strcpy 完成字符串复制 */
}
```

26. 编程网格中一个常见的输入输出控制方式

第一行输入一个整数 n,其后有 n 行,每行是……
输出有 n 行……

```
int n;
scanf("%d", n);
for( int i=0; i<n; i++) {            /* 根据指定的次数循环读入数据 */
    scanf("…", …);                   /* 每次读入一组数据 */
```

```
        ⋮                              /*处理这组数据*/
    printf("…", …);                    /*输出处理结果*/
}
```

27. "程序提交后输出为空"的几个原因

(1) 对于某些测试用例,程序确实没有输出(考虑问题不够全面)。

(2) 程序超时。

(3) 程序运行时有错误,还没有输出就结束了(有些错误,在 VC 环境中是不会出现的,但在编程网格中是会出错的。比如数组的越界访问、变量未初始化)。

28. "程序在 VC 中正确,但在 PG 上不对"的几个原因

(1) 可能程序对变量未正确地初始化。

(2) 可能配的数组大小太小了,无法处理大测试数据。

(3) 可能程序对特殊情形的处理不正确。

(4) 可能程序判断语句中该使用"=="的地方使用了"="。

29. "程序在 VC 中编译正确,但在 PG 上是 Compile Error"的几个原因

(1) main 函数定义为 void main()了,应该为 int main()。

(2) 程序中使用了 strlwr 和 strupr 等函数(strlwr 和 strupr 函数不是 ANSI C 的标准函数)。

(3) 忘记了相应的"♯include…"。

(4) 多了一行 VC 专用的 ♯include "stdafx.h"。

30. "程序编译不通过"的几个原因

(1) 强制类型转换应为(int)a,而不是 int(a)。

(2) ♯define 语句中使用了等号或分号,如♯define PAI=3.14159;"。

(3) 对浮点数使用了求余数运算符"％",C 语言中"％"只能用于整数间的运算。

(4) for 循环语句的循环控制中使用了",",而没用";"分隔 3 部分。

31. 其他常见问题

(1) 不理解题意,有些要用循环多次输入的题目,只实现了一次的功能。

(2) 变量作用域问题:在作用域外引用变量。

(3) 在创建工程的时候,包含了不该包含的头文件,如包含了 PG 中不能识别的 stdafx.h 等。

(4) 程序书写格式不规范,导致代码不够清晰,可读性不好。

(5) 欠缺独立解决问题的意识,比如在碰到问题时不知道先查阅讲义、参考书等。

参 考 文 献

[1] 许卓群,李文新,罗英伟,汪小林. 计算概论. 北京:清华大学出版社,2009.
[2] 李文新,郭炜,余华山. 程序设计导引与在线实践. 北京:清华大学出版社,2007.
[3] 北京大学《计算概论》精品课程网站. http://www.jpk.pku.edu.cn/pkujpk/course/icportal/.
[4] 编程网格系统(PG). http://programming.grids.cn.
[5] 程序设计在线评测系统与教学辅助支撑平台(POJ). http://poj.org 或 http://poj.grids.cn.